北京理工大学"双一流"建设精品出版工程

Chinese furniture innovative design

中国家具创新设计

于德华 ◎ 著

北京理工大学出版社
BEIJING INSTITUTE OF TECHNOLOGY PRESS

图书在版编目（CIP）数据

中国家具创新设计 / 于德华著 . —北京：北京理工大学出版社，2020.4
ISBN 978-7-5682-8368-7

Ⅰ . ①中…　Ⅱ . ①于…　Ⅲ . ①家具—设计—中国　Ⅳ . ① TS664.01

中国版本图书馆 CIP 数据核字（2020）第 061448 号

出版发行 / 北京理工大学出版社有限责任公司
社　　　址 / 北京市海淀区中关村南大街5号
邮　　　编 / 100081
电　　　话 /（010）68914775（总编室）
　　　　　　（010）82562903（教材售后服务热线）
　　　　　　（010）68948351（其他图书服务热线）
网　　　址 / http：//www.bitpress.com.cn
经　　　销 / 全国各地新华书店
印　　　刷 / 北京地大彩印有限公司
开　　　本 / 787 毫米 × 1092 毫米　1 / 16
印　　　张 / 8.5　　　　　　　　　　　　　　　　责任编辑 / 徐艳君
字　　　数 / 140千字　　　　　　　　　　　　　　文案编辑 / 徐艳君
版　　　次 / 2020 年 4 月第 1 版　2020 年 4 月第 1 次印刷　　责任校对 / 周瑞红
定　　　价 / 78.00 元　　　　　　　　　　　　　　责任印制 / 李志强

图书出现印装质量问题，请拨打售后服务热线，本社负责调换

前 言

中国家具的发展历史悠久，与中国古代建筑有着紧密的联系。中国家具的发展，除少数几次与国外有过短暂的交流之外，大部分情况下都是独立发展的。中国家具历经数千年来的发展与演变，一直保持着一以贯之的独有风格，具有鲜明的中华文化特色，自成体系，在世界家具发展史上独树一帜。

中国传统家具是植根于博大精深的中华文化中萌芽、发展并走向成熟的，中国传统家具的艺术特色是中国传统文化的典型代表，蕴含着丰富的中国文化基因，因此深入中国传统家具中探索，并站在世界的角度探寻中国家具的创新发展思路，有着积极的意义。

本书在中国传统家具数千年的发展历史中，从起居方式的改变出发，即从席地而坐，到席地而坐与垂足而坐并存，再到垂足而坐的历程中，探寻中国家具发展的特点。中国家具的发展受起居方式改变影响很大，中国家具最终呈现的垂足而坐的状态，是有着历史发展渊源的。

同时，将中国家具与世界家具交流碰撞的几个关键时期进行分析，探寻中国家具与世界家具相互影响融合的过程，从家具创新的视角审视这个过程，从而获得创新发展的启发。比如欧洲的洛可可艺术与中国清朝时期的艺术有着紧密的交流与相互影响，从而对中国的清式家具，欧洲法国、英国等国家的家具都有着深远的影响。

在世界家具发展过程中，也有不少家具设计师从中国家具中获得灵感与启发，进行了成功的家具创作，成功地实现了民族与世界、传统与现代的很好结合。这些案例分析，也可以给学生和设计师们一些家具创新发展的启发。

本书在多年理论研究和实践经验的基础之上，从中国历史发展的纵向视角，和世界家具发展的横向视角，研究中国家具发展的历程，并探寻中国家具的创新发展之路。本书引用古代和现代大量的家具设计案例，结合丰富的图片，图文并茂，帮助读者理解本书的内容，并启发读者对中国家具创新发展的思考。

本书不仅可以作为专业人员的学习教材，也便于非专业人员自学，还可以作为设计师进行家具创新设计的参考资源，以期达到启发教学、促进中国家具创新发展的目的。

由于笔者能力有限，书中难免出现疏漏和谬误，衷心希望广大读者不吝指教、批评指正。

著 者

目 录
Contents

01

第一章
中国家具创新设计概述

第一章
中国家具创新设计概述

第一节
中国家具的内涵

家具承载了丰富的历史信息和文化信息，涉及社会生活、民风民俗、科学技术、设计美学等诸多方面，记载了历史文明的进程，是文化重要的组成部分。

中国传统家具在古代被称作"小木作"，是相对于建筑"大木作"来说的，由此可见中国传统家具和中国古代建筑渊源颇深。宋《营造法式》中将大木作和小木作分置描述，小木作涉及非承重木构件，有门、窗、隔断、栏杆和家具等。清工部《工程做法》则包含外檐装修和内檐装修，小木作也称装修作。中国传统建筑是以木头为主要材料的木构架建筑，木构件之间连接依靠木材本身穿凿出的榫卯，以木制木，充分考虑并善于引导木头的活性应力，使中国传统木建筑更加坚固耐劳，逾百年而岿然屹立。作为小木作的中国家具，与中国传统建筑一脉相承，也使用实木作为主要的制作材料，以榫卯结构连接各构件。

第二节
中国家具的分类

对家具进行分类，是为了能够梳理出家具的脉络，方便研究和欣赏。按照不同的角度，有不同的分类。

1. 按使用功能进行分类

中国明式家具研究学者杨耀教授早在 1948 年就对中国的明式家具按使用功能进行了分类，主要分为机凳类（宴坐休止之用）、几案类（工作陈列之用）、橱柜类（储藏衣物之用）、床榻类（燕卧睡眠之用）、台架类（支架之用）、屏座类（屏障装置之用）。分类科学有效，直至现在仍然适用。再加以细分，机凳类中，有机凳、交机、条凳、墩、灯挂椅、官帽椅子、圈椅、交椅、宝座等。几案类中，有琴几、条几、炕几、香几、茶几、花几、条案、书案、平头案、翘头案、架几案、方桌、条桌、八仙桌、月牙桌、带屉桌等。橱柜类中，有闷户橱、连二橱、连三橱、书柜、顶箱柜、四件柜、衣箱、药箱、百宝箱、轿箱等。床榻类中，有榻、罗汉床、架子床、拔步床等。台架类

中，有烛台、花台、衣架、盆架、巾架、磬架、笔架、镜架、天平架、武器架、脚踏等。屏座类中，有插屏、座屏、围屏、镜屏、砚屏、炉座、瓶座等。

除了以上六大类，中国家具还有更多细分功能的家居家用器具，如专门用于睡眠的木枕，专门用于存放印章的印盒，专门用于熏香的熏笼，专门用于置香的香筒等。这些器具不少远超现代人的想象力，表现了中国古人对生活品质的追求，对家居家用器具的细思妙想、精益求精。

2. 按造型规律进行分类

从中国家具丰富的造型变化之中可发现，有两种基本的造型和两种基本造型变体，即梁柱式家具和束腰式家具两种基本造型，以及四面平家具和展腿式桌案两种基本造型变体。

梁柱式家具和束腰式家具是中国家具最基本的两种造型，如图 1.1~图 1.4 所示。

图 1.1

图 1.2

图 1.3

图 1.4

- 图 1.1　黄花梨梁柱式方桌（故宫博物院藏）
- 图 1.2　黄花梨束腰式方桌（故宫博物院藏）
- 图 1.3　黄花梨梁柱式杌凳（《明式家具萃珍》）
- 图 1.4　黄花梨束腰式杌凳（《明式家具萃珍》）

作为小木作的中国传统家具，必然受到大木作中国古代建筑的影响，梁柱式家具就是受到中国古建的木构件体系的影响，借鉴了中国古建梁木构架（见图 1.5）。家具的腿足相当于木构架的柱子，家具的掌子相当于木构架的梁，家具的牙子相当于木构架的枋或雀替。梁柱式家具凭借腿足和腿间使用的牙子和掌子，形成稳定的构架结构。为保证家具的丰富造型变化，在诸多的构件细节处可以展开丰富变化，如面边的边抹处理，腿足的截面变化，牙子与掌子的曲线、位置、雕琢的变化等。

束腰式家具与梁柱式家具意趣迥异，与梁柱式家具受中国古建影响不同，束腰式家具主要受古代的须弥座或壸门家具的影响（见图 1.6 和图 1.7）。须弥座源自佛教的台座，后来用于中国古代庙宇、殿堂等的基座，其主要特点是面下有内收的束腰。束腰式家具秉承这一特点，在面

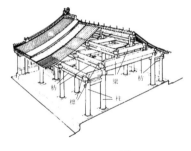

图 1.5

图 1.6

图 1.7

下内收束腰后，再连接腿足，腿足一般有外翻或内翻的曲线变化，下多承托泥。古代的壶门家具的特点是腿间分列壶门，后来多个壶门简化为一个，腿足依然呈现内翻的曲线。

四面平家具（见图 1.8 和图 1.9）是束腰式家具的变体，所谓四面平是指看面腿足和侧面腿足皆平直，下承马蹄的家具造型。四面平家具虽然没束腰式，但下承马蹄，造型除束腰外完全遵循束腰式家具的造型规律，是束腰式家具的变体。

展腿式桌案（见图 1.10 和图 1.11）是梁柱式家具和束腰式家具的结合，既有梁柱式家具的一部分特点，又具备束腰式家具的一部分特点。展腿式桌案的造型是桌面下收束腰，束腰之下为矮三弯腿，外翻小马蹄，成矮桌案，三弯腿之下再接圆形或类圆形长直腿，使矮桌案成为高桌案。展腿式桌案是最独特的家具造型，集合了梁柱式家具和束腰式家具的特点，其渊源有待深究。

图 1.8

图 1.9

图 1.10

图 1.11

- 图 1.5　中国古建梁木构架（《中国古代建筑史》）
- 图 1.6　宋式须弥座（《营造法式》）
- 图 1.7　晋顾恺之《洛神赋图卷》中的壶门榻
- 图 1.8　黄花梨四面平方凳（《两依藏黄花梨》）
- 图 1.9　黑漆描金四面平长方几（故宫博物院藏）
- 图 1.10　黄花梨高低桌（《明式家具萃珍》）
- 图 1.11　黄花梨高低桌（《两依藏黄花梨》）

3. 按使用材料进行分类

中国主要使用实木制作家具，也会辅助以金属、石料、瓷片、藤类等。按使用材料进行分类，可分为漆家具、硬木家具、柴木家具、藤家具、竹家具、瓷家具、石家具等（见图 1.12~ 图 1.17）。

4. 按使用用途进行分类

按使用用途可以分为厅堂家具、书房家具、卧房家具等。

5. 按时代风格进行分类

中国家具在发展过程中，在不同历史时期呈现出独特的风格特色，有髹饰华美的楚汉家具、富丽雍容的唐代家具、秀雅简朴的宋代家具、简洁精炼的明式家具、精雕细琢的清式家具、中西结合的海派家具、现代的仿古家具、现代的新中式家具等。

图 1.12   图 1.13   图 1.14

图 1.15   图 1.16   图 1.17

- 图 1.12   剔红宝座（故宫博物院藏）
- 图 1.13   黄花梨长方几（《永恒的明式家具》）
- 图 1.14   楠木瓷面圆墩（故宫博物院藏）
- 图 1.15   青花狮子绣球纹鼓墩（故宫博物院藏）
- 图 1.16   湘妃竹黑漆靠背椅（故宫博物院藏）
- 图 1.17   方形抹角文竹凳（故宫博物院藏）

图 1.18

第三节
中国传统家具的特色

中国家具数千年的发展历程一直是独立的，自成体系的，中国家具蕴含着中华民族的文化基因，传承了博大精深的中华文化。

1. 主要造型元素

中国传统家具造型变化丰富，但万变不离其宗，仔细研究中国传统家具，可以发现有一定的规律，有不少造型元素是一致的。

中国传统家具受中国传统建筑的影响，沿袭梁柱式结构，形成竖向支撑、横向承托的主体受力结构（见图1.18）。而牙子和掌子是中国传统家具竖向支撑、横向承托主体结构基础上的标准加固件，将结构和造型合为一体。这两种构件丰富的细节变化，使中国传统家具产生了丰富的造型变化样式。观者眼见妙处生花的各类细节变换，实则千变万化不离其宗。

（1）马蹄（见图1.19和图1.20）是中国传统家具的重要特色，马蹄一般与束腰相结合使用，束腰之下的马蹄可以产生各种丰富的变化，形成各式优美的中国传统家具。

（2）霸王掌（见图1.21）也是中国传统家具独有的构件，是集造型与结构于一体的构件，既承担了加固的结构作用，又是造型的重要组成部分。霸王掌可以代替两腿之间加横掌的做法，将腿足与桌面连接起来，桌面上受到的力可以均匀地传递给腿足，从而增加坚固。

图 1.19

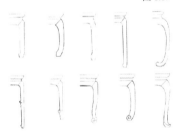

图 1.20

图 1.21

- 图 1.18 大漆平头案上的牙子和掌子（《大漆家具》）
- 图 1.19 紫檀方凳的马蹄（故宫博物院藏）
- 图 1.20 各式马蹄
- 图 1.21 黄花梨霸王掌桌（《永恒的明式家具》）

7

（3）中国传统桌案中，有平头和翘头之别。平头桌案（见图1.22）是指桌案的面两边抹头上是平的。翘头案（见图1.23）是指桌案的面两边抹头上起翘头，翘头的曲线可小巧秀雅，亦可粗犷大气，各式变化，成为桌案重要的造型元素。

（4）攒斗（见图1.24）是中国传统家具中独特的工艺方法，苏式家具最经常使用的工艺方法，费工不费料。做法是用小料打磨修理成需要的小构件，通过榫卯结构拼插成不同的几何纹样。这样的做法可以将小料攒成大块的花板，以做家具的部件，既节省木材，又有很强的装饰作用。

2. 榫卯结构

榫卯以前称作枘凿，明代周祈的《名义考》卷四载："伊川语录云：枘凿者榫卯也……今俗犹云公母榫。"作为大木作的中国古建的各构件之间使用榫卯连接，早在七千多年前新石器时代河姆渡文化遗址中发现的木质干阑式建筑上就已经出现了榫卯的使用。作为小木作的中国传统家具，与中国古建一脉相承，也使用榫卯结构连接各构件。因为体量和受力的不同，中国古建和中国传统家具的榫卯各有特点，中国传统家具的榫卯更加精准与精致。榫卯结构发展到明已臻于成熟完善，既简单精准，又坚固耐用，外部看似简洁，实则内有乾坤，实现了造型美与结构美的融合。榫卯各部位之间连接紧凑，环环相扣，牵一发而动全身。榫卯结构是独创性的，世界家具史上只有中国可以不靠一钉一卯，只靠木材本身来完成一件家具（见图1.25~图1.27）。中国古代木匠使用榫卯连接之后也用物理胶固定榫卯，现在使用的物理胶和化学胶不同之处在于物理胶更环保，且可以通过一定方式打开，而化学胶就很困难了。

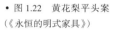

- 图1.22 黄花梨平头案（《永恒的明式家具》）
- 图1.23 黄花梨翘头案（《永恒的明式家具》）
- 图1.24 黄花梨书架的攒斗栏杆（故宫博物院藏）
- 图1.25 条桌上的榫卯结构1
- 图1.26 条桌上的榫卯结构2
- 图1.27 平头案上的榫卯结构

图1.22

图1.23

图1.24

图1.25

图1.26

图1.27

古人审美观认为，过多暴露榫卯结构会破坏家具表面完整性，使用榫卯的最佳方法是内部凹凸勾挂，以确保构件连接紧密坚固，外部则只呈现几条线而已。明式家具的结构一直秉承外简内繁这一原则，为了保证家具坚固耐用，勾挂垫嵌，无所不用其极，而在家具表面却能藏即藏，只露几条线。明式家具榫卯的特别可以总结为"面如平湖、内有乾坤"。

中国传统建筑中使用榫卯连接各木材构件，中国传统家具构件之间也因袭中国传统建筑的榫卯，只是比中国传统建筑的榫卯更精细，更巧妙，充分发挥家具本身小而巧的特点，生发出各种丰富多样的榫卯变化。

3．实木材料

中国传统家具以木材为主要的制作材料，木材因为容易获得、加工方便、相对坚固等优点，受到人们的青睐。人们使用榫卯结构、表面髹漆、披麻挂灰等方法，使家具更加坚固结实，这种木材加工制作家具的方法一直沿用了数千年。

随着木工技术的不断成熟、硬木资源的不断丰富、人们审美水平的不断提高，明代中晚期才真正开始了硬木制作家具的新纪元。硬木材料（见图1.28和图1.29）多质地致密坚实，木性稳定，色泽温润雅静，纹理生动优美，因此受到当时统治阶级和贵族的喜爱。普通的老百姓只使用就地取材的柴木制作家具（见图1.30和图1.31），不同地区适宜生长不同的木种，又因不同地区生活和文化的不同，家具制作呈现了独特的地域风格。

- 图1.28　紫檀木
- 图1.29　黄花梨
- 图1.30　鸡翅木
- 图1.31　楠木

图1.28　　　　　　　　　图1.29　　　　　　　　　图1.30　　　　　　　　　图1.31

4."健康的舒适"人因尺度

中国传统家具在制作使用过程中，舒适性的需求是在宗法、礼教和健康需求等得到满足之后才考虑的需求，虽然舒适性需求排列靠后，聪慧的中国工匠依然从人体生理尺度的角度进行了人性化的设计，与现代人推崇的人因工程学理论不谋而合。明式家具在满足等级和礼仪的需求之后，更重视"健康的舒适"，这给一些现代家具过于追求舒适，甚至以牺牲健康为代价的错误做法提供了正面的指引。其中对舒适性的考虑也是明式家具艺术中的闪光点，其早于人因工程学理论产生的考虑人体舒适性的实践，至今仍熠熠生辉。

人因工程学学科的起源可以追溯到 20 世纪初期，其起源于欧洲，形成于美国，逐渐形成了完备的理论基础。但是早在三百年前的中国，睿智的中国古代工匠，已经开始先行实践人因工程学的原理了。最典型的例子，明式家具座椅的 S 形靠背曲线就是为了符合人类弯曲的脊柱曲线来设计的。没有人因工程学的理论作指导，中国古代工匠依靠的是多年丰富的家具制作和实践经验，总结出朴素实用的家具设计经验，懂得调整椅子曲线来满足人们的舒适需求，椅子的 S 形靠背曲线就是在这样的实践经验基础上慢慢形成的稳定造型（见图 1.32 和图 1.33 ）。

• 图 1.32 黄花梨靠背椅的 C 形靠背（《明式家具萃珍》）
• 图 1.33 黄花梨南官帽的 S 形靠背（《明式家具萃珍》）

图 1.32

图 1.33

02

第二章
中国家具发展简史

第二章

中国家具发展简史

　　中国是世界四大文明古国之一，春秋战国以前的中国历史主要以黄河流域农耕社会为主发展开来。早在原始时期，人类为了满足基本的生存需求，开始制作工具，使用工具，改造自然，改善生活，营造属于人类自己的栖身之所。人类有了生存、生活的居所，并开始使用石头、树枝、茅草、兽皮等材料来祛暑避寒、防潮隔湿，改善日常的生活条件。这些稍作修整的天然材料形成了原始家具的雏形。家具是农耕文明的产物，在固定的地点生活，才会有日常的器具以满足日常生活起居的需要，才有了家具的产生发展。

　　中华民族发展之初是席地而坐的生活方式，这一生活方式发展至汉魏，受北方游牧民族、印度佛教文明和其他因素的影响，出现了垂足而坐生活方式的萌芽。魏晋时期，席地而坐的生活方式开始向垂足而坐的生活方式转变，历经魏晋南北朝、隋唐五代，至宋完成这一转变，垂足而坐成为人们主要的生活方式。这一生活方式的改变是剧烈的，对生活起居环境影响深远，家具从矮型家具发展成高型家具。中国家具的发展承载着中国自古至今起居方式的发展变迁，也记录着文化和宗教的影响与融合，体现着中国博大宽容的文化内涵。

第一节
席地而坐时期的家具

远在没有史料记载的时期，发源于黄河流域的中国古人，生活起居没有现在这样完备的家具，人们作息全在地上进行。起初为了防潮隔湿，会取一些树叶树皮、动物毛皮铺在地上使用。后来出现专门铺设在地上的席子，生活起居方式以席地而坐为主。席子是古人适应自然，在大自然中生存、生活过程中发明的生活用具，它方便实用，是早期家具的雏形。席子是中国古人最早的坐具，席地而坐也成了中国古人最早的起居方式。人们大部分的生活起居都是围绕着席子进行，席子周围摆放其他生活器具，所有生活器具、家具的尺度都是配合席子、人体的尺度而产生的，所以当时的家具都是矮型家具。

席地而坐的生活起居方式横跨商周、春秋战国以及两汉时期，这一时期是比较纯粹的中原汉文化发展时期。

商周时期，人类文明已经发展到一定历史阶段，青铜器大行其道，在祭祀祖先、生活起居中都有青铜器具的使用，青铜制品中不少是属于家具范畴的，是辅助人们生活的基本家具。

春秋战国时期，家具发展进入一个新的阶段。春秋时期著名的匠人鲁班对木工技术做了新的发明创作，被后世木工奉为祖师。这一时期，木质髹漆技术有了长足的发展，木质髹漆家具质量也不断提高。河南信阳楚墓和湖北荆州楚墓出土的床、几、案等保存较好的髹漆家具多以木为胎，外髹漆并配以精美的纹饰，表明木质髹漆家具繁荣发展。

秦汉时期，人们的生活起居方式依然是席地而坐，矮型家具有了长足的发展，家具种类更加丰富，功能分工也更加明确，家具制作能兼顾实用与美观。木质髹漆家具得到长足发展，因为髹漆的保护，墓葬不少木质家具得以保存下来，有不少出土家具的木胎已经腐烂，而漆壳依然完好，说明了当时髹漆工艺已发展到一定水平。

1. 席

席是席地而坐时期最主要的坐具和卧具。"席"字甲骨文为长方形，内折线或代表席子编织的纹理（见图2.1）。席子用芦或竹编织，商周时期已经出现编织纹样的变化，席子的周边或以锦帛镶边。在严格的礼乐制度之下，对席的使用有严格的规定，不同的场合、身份、地位等使用不同材质、纹饰和尺度的席子。在汉代画像砖、画像石（见图2.2）中，可以看到按照席子的尺寸区分出的单人独坐席、双人席、三人席以及多人席等，众人三两成堆，围坐席上，从事宴饮、舞乐等日常起居之事。

长沙马王堆一号汉墓出土了莞席（见图2.3），长2200毫米，宽820毫米，以麻线为经，以莞草为纬，周边以绢包缝，编织细密，制作精致，为我们展现了当时席的真实状态。

图 2.1

图 2.2

• 图 2.1　甲骨文"席"字的写法
• 图 2.2　四川大邑东汉画像砖宴饮中的席
• 图 2.3　长沙马王堆一号汉墓出土的莞席

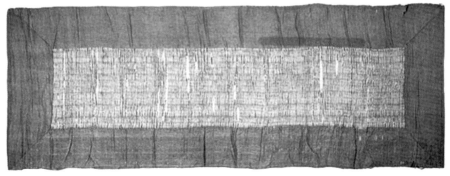

图 2.3

2. 床

　　床是主要的卧具，是在古人改造自然的能力越来越高，社会不断发展，生活器具越来越精致讲究的过程中产生的。目前发现最早最完整的床在春秋战国墓葬中已经出土，是专门的卧具，主要由腿足、床框、床屉和床栏等组成，较后来床矮，属于矮型家具，已具矮型家具基本的结构与造型特点。

　　河南信阳长台关一号楚墓出土了完整的六足黑漆大床（见图2.4和图2.5），长2250毫米，宽1360毫米，高425毫米，床身用方木纵四横三组成长方框，周圈四木件搭接后向外挑出。床面四角和边挺中间下设六矮足，足部透雕卷云纹。床面四周置方格式床栏，只预留出中部不设床栏，以便上下。床体较矮，床屉仅

高210毫米，符合席地而坐家具的尺度。床身通体髹黑漆，周围髹以朱色回纹。此床用榫卯连接，间或使用铜配件固定局部，使其坚固。此床完整的形制和严谨的结构表明早在战国时期床已经发展得比较完善了。

　　湖北荆州包山二号楚墓出土的折叠床（见图2.6和图2.7），长2208毫米，宽1356毫米，屉高236毫米，亦为木质榫卯结构。床面上的六根穿带可以拆下来，床面四角以可旋转的榫卯连接，折叠的方式是将六根穿带拿下，将边挺抹头互相折叠成一体。床的构件连接都是用巧妙的榫卯结构来实现。此床的比例、尺度与河南信阳长台关一号楚墓出土的六足黑漆大床基本相似，可以代表战国时期木质床具的基本特点。

• 图2.4　河南信阳长台关一号楚墓出土的黑漆大床
• 图2.5　河南信阳长台关一号楚墓出土的黑漆大床局部
图2.6　湖北荆门包山二号楚墓出土的折叠床展开状态
图2.7　湖北荆门包山二号楚墓出土的折叠床折叠状态

图2.4

图2.5

图2.6

图2.7

3. 榻

榻是秦汉开始频繁使用的新型坐具（见图2.8），是坐具席子的更高制式，有腿足，较矮。榻为坐具，有单人独坐，也有两人或多人共坐。刘熙《释名·释床帐》载："长狭而卑曰榻，言其榻然近地也。小者独坐，主人无二，独所坐也。"榻仅离地少许，既可以离地隔湿防潮，又不影响其他矮型家具的使用，可以与席坐之人并坐交流（见图2.9）。

• 图 2.8　河北望都汉墓壁画上的独坐小榻
• 图 2.9　四川成都东汉画像砖讲学中的榻与席

图 2.8

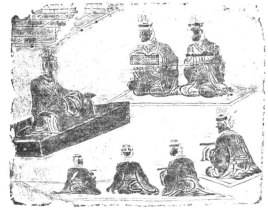

图 2.9

4. 案

案是陈于席或榻边用于陈放物品的家具，一般由案面和腿足组成。因为与席地而坐的矮型坐具搭配使用，所以案很矮，有别于现在的高案。商周时期就有书案、食案的记载，春秋战国出土较多。秦汉时期的案使用更加广泛，有大、中、小型案，有单层、双层案，有圆案、方案，有书案、食案，以食案出土最多，多为髹漆彩绘，较之前精美讲究；案的高度也较之前灵活，多数为配合席、榻使用的矮案，也有高起以适合站立使用的高案，多在庖厨、酒肆等劳作场所出现。

图 2.10

河南信阳长台关七号战国楚墓出土的卷云纹矮案（见图 2.10），长 1350 毫米，宽 600 毫米，木胎，案面长方形。案面四周设拦水线，高出案面少许。四足为青铜兽蹄状，足顶端的案沿饰以铺首衔环。案面髹朱红色漆，其上以黑漆作团花式的卷云纹样，分三行七列均匀配置。此案低矮，是配合席地而坐的典型矮型家具。

图 2.11

长沙马王堆一号汉墓出土的彩绘食案（见图 2.11），斫木胎，呈长方形，长 765 毫米，宽 465 毫米，高 50 毫米，底部四角附有高仅 20 毫米的矮足。出土时案上置有小漆盘五件，漆耳杯一件，漆卮两件，盘上有竹箸一双，应是当时饮宴的摆设。

5. 俎

俎是起承托作用的家具，《说文解字》载："俎，礼俎也，从半肉在且上。"俎的造型于商代即已稳定，为"TT"形，其造型可能受到自然石块堆成的原始家具雏形的影响，后来出现的桌案类家具概是从俎的造型发展而来。

湖北当阳赵巷春秋墓出土的髹漆木俎（见图 2.12），长 245 毫米，宽 190 毫米，高 145 毫米，俎面长方形，两端起翘头，下为曲尺形四足。俎面髹朱漆，余则髹黑漆，并于其上绘朱色瑞兽纹饰。此木俎虽为木胎，但表面髹漆精致耐腐，使得能保存至今。此俎的造型已隐约可见翘头案的雏形了。

- 图 2.10　河南信阳长台关七号战国楚墓出土的卷云纹矮案
- 图 2.11　长沙马王堆一号汉墓出土的彩绘食案
- 图 2.12　湖北当阳赵巷春秋墓出土的髹漆木俎

图 2.12

6. 凭几

凭几是坐卧时扶凭倚靠的家具，席地而坐的过程中，有凭几倚靠可以承载身体的部分压力，缓解腿部不适。凭几不仅承载了倚靠的使用功能，更多地代表了权力、尊卑、长幼等。《周礼·春官》中有"司几筵掌五几五席之名物，辨其用，与其位。"司几筵就是专门负责设几敷席的专职人员，五几是指玉几、雕几、彤几、漆几、素几。天子用玉几，诸侯用雕几，孤用彤几，卿大夫用漆几，丧事用素几，凭几的材质、修饰和使用都体现着人的身份、地位和权力。

河南信阳长台关一号战国楚墓出土的雕花木凭几（见图2.13），长604毫米，宽237毫米，高480毫米，几面中宽两端略收，上浮雕兽面纹，几面两端凿卯眼与栅足榫接。

长沙楚墓出土了数件凭几，几面都较窄，中间略凹，造型各有特点，有栅足落地，有双足支撑。

长沙马王堆三号汉墓出土的长短两用几（见图2.14），属于直型凭几，长905毫米，宽158毫米，有一长一短两对足，短足固定，长足可以拆卸，不用时拆下收到几面之下。长沙马王堆一号汉墓出土的彩漆凭几（见图2.15），由几面和腿足组成，几面扁平，中间微向下弯曲，两端略窄。

图 2.13

图 2.14

- 图 2.13　河南信阳长台关一号战国楚墓出土的雕花木凭几
- 图 2.14　长沙马王堆三号汉墓出土的长短两用几
- 图 2.15　长沙马王堆一号汉墓出土的彩绘凭几

图 2.15

图 2.16

7. 屏风

斧依亦作黼扆，或斧扆，后发展
为屏风，是遮挡视线、分隔空间、藏
风聚气的家具。《礼记·曲礼》曰：
"天子当依而立，诸侯北面而见天
子"，孔颖达疏："依，状如屏风，
以绛为质，高八尺，东西当户牖之
间，绣为斧纹也，亦曰斧依。"《仪
礼·觐礼》载："天子设斧依于户牖
之间，左右几。"可见，斧依是周天
子专用的家具，以体现周天子的权
力和地位。后世不断发展，才成为人
们日常生活中不可或缺的家具——屏
风。秦汉时期，屏风已经成为重要的
家具种类，置于室内分隔空间，引导
视线，更有藏风聚气的风水考虑。

湖北荆州市天星观一号战国墓
出土的双龙纹座屏（见图 2.16），高
132 毫米，长 490 毫米，木胎，通体
髹黑漆，以红、黄、金三色彩绘花
纹，屏心透雕双龙。

长沙马王堆一号汉墓出土的漆画
屏风（见图 2.17），高 620 毫米，由
屏板和足座组成，为双面黑漆彩绘。

图 2.17

• 图 2.16 湖北荆州市天星观
一号战国墓出土的双龙纹座屏
• 图 2.17 长沙马王堆一号汉
墓出土的漆画屏风

8. 储物家具

储物家具指储藏物品的庋具，在商周、春秋、战国时期，使用较多的有竹笥、木箱、木盒等。秦汉时期储物家具仍以箱、盒、匣、笥为主，多为木胎髹漆、夹纻胎髹漆、竹编器等，在生活中广泛使用，功能更为细化，同时也出现了橱与柜，以满足日常生活的需要。

竹笥是用竹篾编织的储物器，因为制作简单、结实，形状大小不受限制，在日常生活起居中广泛使用，可以储藏衣物、梳妆用品、饮食用具、食物等，在墓葬中多有出土。湖北江陵马山一号战国楚墓中出土了竹笥18件（见图2.18），其中17件方形，1件圆形，大小不等，竹篾编织，竹笥分别盛放梳妆用品、饮食用具、食物等。湖北荆门包山二号楚墓也出土了69件竹笥，有长方形、方形、圆形等，分别盛放衣物、食物等。

湖北江陵雨台山354号墓出土的凤鸟纹扁圆盒（见图2.19），通高122毫米，口径246毫米，平底，扁圆形，矮圈足，盖顶部有一铜套环钮饰。盒外壁髹黑漆，用朱、黄色漆绘凤鸟纹、勾连卷云纹等纹样。

广州西汉南越王墓出土了数件漆箱、漆盒，用来盛放工具、酒具、梳妆用品、生活用品等。

长沙马王堆三号汉墓出土的黑漆彩绘盝顶盒（见图2.20）呈长方体，木胎，外髹黑漆，上用白漆勾画云纹，并于其中填红、蓝、黄三色。此盒出土时内装一顶乌纱帽，可见为帽盒。

春秋以来，周室衰落，周礼衰微，诸侯林立，百家争鸣，各种用具的使用不复严格限制，席地而坐不再是唯一受礼教严格限制的坐姿方式，席子也能灵活使用，坐的姿势和方式也给予了一定的自由度。汉代尊崇儒家经学，汉武帝甚至废黜百家，独尊儒术，使得经学日盛，三代礼教得以传承，跪坐之礼也因袭下来。东汉末年经学衰微，礼教不兴，席地而坐的生活习惯也随之衰微。

- 图2.18 湖北江陵马山一号战国楚墓出土的方竹笥
- 图2.19 湖北江陵雨台山354号墓出土的凤鸟纹扁圆盒
- 图2.20 长沙马王堆三号汉墓出土的黑漆彩绘盝顶盒

图2.18

图2.19

图2.20

第二节
席地与垂足并存时期的家具

因为欧亚腹地相接的地缘性特点，游走于其间的游牧民族不可避免地与欧亚各个民族混血交融，并吸收各个民族的文化文明，印度佛教文化、希腊文明、波斯文明和夏商周文明多重文化交织在一起。作为商周两汉正统的儒家礼教的汉人文化力量强大，改造和同化了入侵的游牧民族，兼容并蓄地融合了各民族文化，特别是胡人文化。汉人文化也受到各民族文化的渗透影响，汉人的生活方式、生活习惯受到胡人潜移默化的影响，不再受传统礼教的禁锢。黄河流域农耕文明与具有文化多元性特质的游牧民族文明在冲突与交融过程中，互相补益，使文明嬗变，促文明发展，形成更先进的新的中华文明。起居方式的改变，也是在文明嬗变中不断发展形成的，魏晋南北朝时期是席地而坐向垂足而坐起居方式转变的关键时期，直到隋唐五代，依然存在席地而坐与垂足而坐并存的状态。

两汉以来，北方及西北游牧民族与汉人的交融，以及古印度佛教文明的传入，民族间文化和艺术交流频繁，各民族的家具在功能和造型上能够相互融合吸收，家具的门类和造型逐渐丰富。高型家具已有萌芽，床和榻的尺度不断加高，胡床、高凳、筌蹄、绳床等高型坐具渐渐传入，使得高型家具垂足而坐的生活方式开始进入人们的生活，逐渐为统治阶级和普通百姓所接受。

隋唐五代时期文化繁荣，这一时期不断吸收外来文化，出现了相当规模的高型家具，席地而坐与垂足而坐并存，垂足而坐已经成为习以为常的坐姿，为社会所接受。垂足而坐的高型家具无论种类还是数量都在不断增多，高型坐具得到了长足的发展。例如，我们可以看到这样一组人们生活起居常用的家具组合，即后设大屏风，屏风前置榻，主人和宾客坐于榻上，榻前放置高案或榻上置炕桌棋盘之类。这样以床榻为中心的生活方式较之前以席为中心的生活方式，高度明显提高了。唐初虽有座椅，仍以床榻为主位，为室内陈设中心。后来，随着椅子的使用频率增加，桌椅搭配的室内陈设才成为主流，逐渐成为室内陈设中心。

唐人的起居方式也是席地坐和垂足坐并行，因为各种坐姿并行，可以看到席地跪坐、坐榻盘腿坐和椅凳垂足坐的情况，甚至在同一画面中出现了混坐的现象。（传）五代顾闳中所绘《韩熙载夜宴图》中更是诙谐地描绘了一出韩熙载盘腿坐于高靠背之上的场景，而且画家有意将垂足坐于椅子上和盘腿坐于椅子上两种坐姿描绘在同一画作中，这是席地而坐和垂足而坐两种生活方式交替转变的有趣现象。（见图 2.21）。

• 图 2.21 （传）五代顾闳中《韩熙载夜宴图》中盘腿坐于靠背椅上和垂足坐于靠背椅上

图 2.21

1. 凳

凳是没有靠背的高型坐具，是在游牧民族和外来文化的影响之下，特别是印度佛教文明的影响之下出现的。魏晋南北朝时期，凳的形象就开始明晰起来，在敦煌壁画中多有表现，佛教人物坐于高凳之上（见图 2.22），呈垂足状。

隋唐五代时期，凳已经普遍使用了，使用场景也丰富起来，不仅有单人独坐的方凳，还有多人共坐的长凳。长安唐韦氏墓壁画《观花图》中绘制了一妇女坐在高凳观花（见图 2.23），凳子为简单的座面、腿足和横枨组合，已具有宋式家具的雏形了。长安唐韦氏墓壁画《野宴图》中则绘制了高案之侧，长凳之上饮宴的场景（见图 2.24），长凳可供三人坐，上应铺锦绣之类。

唐时期，多在绘画作品中出现一种座面呈半圆形，称为"月样杌子"的高型坐具，座面之上一般铺锦绣，四足落地，旁设桌案，配合使用。如唐张萱《捣练图》（见图 2.25）和唐周昉《内人双陆图》（见图 2.26）中的凳都出现类似的"月样杌子"形象。

图 2.22   图 2.23

图 2.24   图 2.25

图 2.26

- 图 2.22 敦煌北周第290窟佛传故事《阿私陀占相》中的高凳
- 图 2.23 长安唐韦氏墓壁画《观花图》中的凳
- 图 2.24 长安唐韦氏墓壁画《野宴图》中的高案与长凳
- 图 2.25 唐张萱《捣练图》中的"月样杌子"
- 图 2.26 唐周昉《内人双陆图》中的"月样杌子"

2. 胡床

早在东汉时期，胡汉交流频繁，胡床由马背上的游牧民族传入。

魏晋南北朝以来胡床更是高频率出现在各种史籍记载中，用于征战、狩猎、行旅、居室庭院等地，可见垂足而坐的胡床对汉人起居方式影响至深（见图2.27）。

隋朝时期，因隋炀帝性好猜防，大忌胡人，而改胡床为交床。宋张端义在《贵耳集》里提及："今之校椅，古之胡床也，自来只有栲栳样，宰执侍从皆用之。"宋代带圆形椅圈的交椅造型已经成熟稳定（见图2.28），明清时期依然使用频繁，称谓已改为马扎、交杌和交椅，其结构没有太大变化。

图 2.27

图 2.28

• 图 2.27　敦煌北魏第257窟西壁北侧的胡床
• 图 2.28　南宋《蕉阴击球图》中的圆背交椅

3. 绳床

佛教初传中国，就积极向统治阶级及广大民众宣传佛教教义，拉近与国人距离。来自西域各国的传道僧、译经僧络绎不绝，宣传佛法教义，其生活习惯、起居方式也对国人产生了深远影响。其中，僧侣坐禅使用的绳床（见图 2.29 和图 2.30）就是中国最早使用垂足座椅的发端。美国学者唐纳德（Donald Holzman）于 1967 年提出绳床确是有背可倚、座位部分固定不能折叠的椅子。此后陆续有不少学者肯定并论证了绳床为中国坐椅起源一说。

最早绳床是释僧禅房专用坐具（见图 2.31），僧侣于绳床上结跏趺坐、修行之用，甚至一些僧侣一生不卧，早晚皆在绳床之上，卒于绳床之上。因为绳床有靠背可倚，制作绳床

的座面也不再限于藤绳，后来便有倚床一称。绳床后来流于百姓间，在经过漫长历史时期的发展演变，形成了"绳床—倚床—倚子—椅子"称谓的演变，造型也从佛教绳床转变成现在椅子的形象。

日本正仓院藏榉木绳床则是更加珍贵的唐代风格绳床的造型（见图 2.32）。唐代的绳床已经基本具备了椅子的造型特点，靠背和扶手构件已经出现，人们垂足坐于其上，有靠背可倚靠，有扶手可搭放，唐高元珪墓壁画上的靠背椅靠背也清晰可见（见图 2.33），与后来的椅子相似。在（传）五代顾闳中《韩熙载夜宴图》中的靠背椅中，已经有成熟的靠背、搭脑、座面、腿足和脚踏出现，且可以看出靠背板是攒成的，搭脑外展出头（见图 2.34）。

图 2.29　　　　　　　　图 2.30　　　　　　　　图 2.31

图 2.32　　　　　　　　图 2.33　　　　　　　　图 2.34

- 图 2.29　敦煌晚唐 138 窟的绳床
- 图 2.30　敦煌石窟五代第 61 窟的绳床
- 图 2.31　敦煌西魏第 285 窟僧人所坐的绳床
- 图 2.32　日本正仓院藏榉木绳床
- 图 2.33　唐高元珪墓壁画上的靠背椅（摹绘）
- 图 2.34　（传）五代顾闳中《韩熙载夜宴图》中的靠背椅

4. 床榻

秦汉以来流行的坐具小榻依然流行，榻的使用明显增多，多为贵族阶层使用，有侍者侍奉左右。北魏司马金龙墓木板漆画《列女孝子图》中就多见独坐榻的使用（见图2.35），榻后多有侍者侍奉左右。榻最初略高于地面，之后高度不断升高，到隋唐时期，已经有垂足可坐的高榻了。隋唐时期的坐榻造型多为多足壸门式，这也是这一时期比较流行的造型样式（见图2.36和图2.37）。

隋唐五代时期还流行一种案式榻，没有床围，高度较桌案矮，日常可以坐于榻上生活起居，还可以躺下稍作休憩之用，是兼具休闲、休憩功能的综合家具。五代王齐翰《勘书图》（见图2.38）和五代周文矩《重屏会棋图》（见图2.39）中都有此类榻的形象。

榻之上还有置围子的做法，或者在榻之后设屏风，皆有藏风聚气之意和倚靠屏障之用。西安北周安伽墓出土了一围屏石榻（见图2.40），由三块围屏、一块榻板和七条榻腿组成，各构件由榫卯接合。石榻看面为四腿，腿间装以水波纹，后面为三腿。

专门的卧具架子床在东晋时期就出现了。东晋顾恺之《女史箴图》最早绘出了一具架子床（见图2.41），床座饰壸门，四角立柱，柱间围数扇并列床围。床围高约半米，使用者休憩时可以倚靠其上，胳膊伸出架在床围上。前面的床围似门扇可以开合，方便上下床。床上设顶，四周设帷帐，带有架子床初创期的特点。床前放有与床等长的栅足式几，汉代已有，名曰桯，是床前配合床使用的家具。

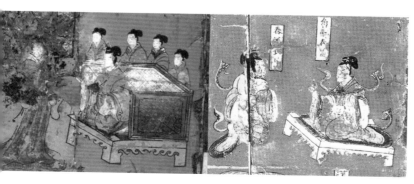

图2.35　　　　图2.36

图 2.37

图 2.38

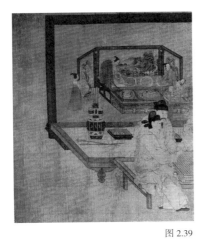

图 2.39

图 2.40

- 图 2.37 （传）唐阎立本《历代帝王图》中的独坐榻
- 图 2.38 五代王齐翰《勘书图》中的案式榻
- 图 2.39 五代周文矩《重屏会棋图》中的案式榻
- 图 2.40 西安北周安伽墓出土的围屏石榻
- 图 2.41 东晋顾恺之《女史箴图》中的架子床

图 2.41

27

5. 桌案

桌案主要用来盛放用品，由桌面和腿足组成，部分桌案下承托泥。桌案的尺度主要为配合人们拿取物品。早在席地而坐的时期，桌案为配合席地而坐的人们方便使用，高度较矮。随着垂足而坐起居方式的出现，高型坐具不断增多，桌案的高度也随着不断增加。

唐代的桌案造型多为多足壶门式，与床榻和床有相似结构，足间壶门已经成为这一时期独特的造型样式。唐佚名《宫乐图》中的长桌（见图2.42）、莫高窟中唐第159窟壁画中的桌（见图2.43）就是多足壶门式。

也有少数桌案突破这一造型局限，呈现简单的四腿落地的形态，为宋元的梁柱结构家具做了准备。敦煌晚唐第85窟壁画《庖厨图》中的两张方桌（见图2.44），由桌面和四腿组成，四腿接于桌面四角，直接落地，腿间不安横枨，与高坐桌案高度无异。五代王齐瀚《勘书图》中的书案（见图2.45）尺度与高案相似，且腿间使用了横枨固定，依稀可以看到宋代家具的影子。

- 图 2.42 唐佚名《宫乐图》中的长桌
- 图 2.43 莫高窟中唐第 159 窟壁画中的桌
- 图 2.44 敦煌晚唐第 85 窟壁画《庖厨图》中的两张方桌
- 图 2.45 五代王齐瀚《勘书图》中的书案

图 2.42

图 2.43

图 2.44

图 2.45

6. 屏风

无论席地而坐，还是垂足而坐，屏风作为藏风聚气、尊显身份等重要作用的家具，一直沿用下来，与家具搭配使用，越来越讲究。不同等级、不同身份的阶层，使用不同的屏风规制，体现了森严的等级制度。宋摹本晋顾恺之《列女图》里描绘了卫灵公和夫人分坐于席之上，卫灵公坐席之后围以三面屏风（见图 2.46），屏风竖直，四框攒成，内绘山水。北魏司马金龙墓也出土了一件床后屏风，绘以人物故事。

隋唐五代以来，屏风更是风靡，成为室内外分隔空间、陪衬人物的重要家具，与床榻、桌案搭配使用，成为主要的室内陈设配置组合。五代王齐瀚《勘书图》（见图 2.38）和五代周文矩《重屏会棋图》（见图 2.39）中就有大型屏风的出现，既分隔空间，又藏风聚气。敦煌莫高窟唐第172窟壁画《观无量寿经变》（见图2.47）壶门榻后就有竖向屏风。西安长安县（今为长安区）南里王村韦氏

墓里还出土了折屏（见图 2.48），扇与扇之间互成夹角立于地上，根据空间的需要，可以折叠成可长可短的屏风，屏风之上绘仕女图。

图 2.46

图 2.47

图 2.48

- 图 2.46　宋摹本晋顾恺之《列女图》中的屏风
- 图 2.47　敦煌莫高窟唐第 172 窟壁画《观无量寿经变》中的屏风
- 图 2.48　西安长安县南里王村韦氏墓出土的折屏

第三节
垂足而坐时期的家具

宋代垂足而坐基本取代了席地而坐，人们真正坐在高椅之上生活起居，室内陈设中心也由以床、榻为中心转变到以桌、椅为中心（见图2.49）。高型家具功能不断细化，种类不断丰富。到明清时期，起居方式垂足而坐已经完全取代了席地而坐，家具也呈现极大丰富、极大繁荣的状态。明代前期家具以宫廷家具为主导，宫廷家具风格鲜明，一枝独秀，多是在造型简洁的木胎基础上，外髹大漆的家具。明代中后期，在江南文人的带动下，形成造型简洁、结构精准、尺度合宜的明式家具风格。清朝时期，在统治阶级审美的影响之下，康雍乾时期开始出现装饰精致、雕琢繁复的清式家具风格。

1. 宋元家具

宋代既是文化繁荣发展的时期，也是科学技术长足发展的时期。繁荣的文化发展和科技进步为时人注入了思想的活力，形成了士大夫文化和市民文化两股互相影响的宋代文化，使宋代艺术呈现出文人化、世俗化、生活化的特点。宋代文人中推崇简淡的审美意趣，宋代工艺美术品受到文人、士大夫的审美熏陶，增加了文人雅趣，注重产品的形态、比例、艺术因素，讲究匀称、舒适的艺术美感，而摒弃喧嚣、烦琐的前朝萎靡之风，表现出古雅简洁、质朴内敛的艺术风格，呈现出统一的朴实之风，如宋瓷、漆器和宋代家具等。

宋代家具一改唐代家具的精髹细琢，造型趋向于简约秀雅，结构处理上摒弃了前朝不少笨拙盲目的处理方法，多有创新探索、提炼精简，加工工艺也多有精进发展。值得一提的是家具结构不断发展完善，家具构件已经精简，在此基础上，家具造型与结构、构件相融合，用结构、构件表现造型，造型体现在结构、构件中，造型和结构统一起来，形成了科学合理、简约秀雅的造型艺术风格。

北京房山天开村辽代天开塔地宫出土的木椅和木桌（见图2.50），已经呈现出简练的构件组合，腿足、横枨、矮老、卡子花等，一些构件都是造型和结构的双重考虑。宋代家具的造型艺术为明代中后期产生的明式家具艺术风格奠定了基础。明式家具所表现出来的简洁质朴的艺术风格正是宋代质朴雅致之风的回归与升华。

宋代家具以高型家具为主，坐具主要有机凳、靠背椅、扶手椅、圈椅、交椅等高型坐具。椅子已经成为宋人主要的坐具，高桌、高案也一应俱全，人们垂足坐于椅子之上，使用高桌高案，日常起居皆高起状态。

宋张择端《清明上河图》中的茶肆、酒家中到处可见高条凳和高案组合搭配的家具组合（见图2.51），是宋代老百姓平常的起居状态。北京房山天开村辽代天开塔地宫出土的木椅和木桌，北京辽金城垣博物馆收藏的金代木椅木桌组合（见图2.52），也都体现了宋人桌椅组合的起居方式。

- 图2.49　河南禹州白沙宋墓壁画中以桌、椅为中心的室内陈设
- 图2.50　北京房山天开村辽代天开塔地宫出土的木椅和木桌
- 图2.51　宋张择端《清明上河图》中的高条凳高案搭配组合
- 图2.52　北京辽金城垣博物馆收藏的金代木椅木桌组合

图 2.49

图 2.50

图 2.51

图 2.52

陕西蒲城县洞耳村元墓《堂中对坐图》中描绘了两人坐于一对圈椅之上对语（见图2.53），圈椅体量较大，下配高脚踏。两圈椅之后为高座屏，屏风坐地，单扇，两侧有支撑，屏风一侧设一高案。

图 2.53

• 图 2.53　陕西蒲城县洞耳村元墓《堂中对坐图》中的圈椅

2. 明代漆家具

在宋代家具造型、结构、比例发展相对成熟后，明代前期至中叶，依然需要漆饰来处理家具表面。统治阶级为彰显地位和身份，家具表面处理精美而繁复，工艺讲究，处理方法丰富，有素漆（使用单色漆称为素漆）、彩绘、描金、描油、填漆、雕漆、戗划、嵌螺钿、款彩等方法。无论漆饰表面繁简如何，虽也受壮硕、粗犷的元代家具影响，但明代前期的家具已在宋代家具的基础上呈现造型简洁、结构精准、尺度合宜的明式

家具意蕴了，只是还掩饰在富丽华美的髹漆之下。髹漆家具不仅广泛使用于统治阶级、上层社会，在民间也占有很大比例。民间家具制作则简单得多，多为黑漆、紫漆和彩绘等。

故宫博物院清宫旧藏剔红孔雀牡丹纹香几（见图2.54），宽570毫米，高840毫米，有"大明宣德年制"款，是一件典型的木胎剔红家具，其造型简洁，比例尺度协调，木胎表面的剔红工艺精湛，代表了明代髹漆家具的工艺水平。故宫博物院旧藏剔红松涛云龙纹箱（见图2.55），有"大明嘉靖年制"楷书款，亦是在简洁的木胎之上髹以剔红，以蜿蜒屈曲的松杆组成一个变体的寿字，是嘉靖时期常见的装饰纹样。

故宫博物院清宫旧藏填漆戗金云龙纹立柜（见图2.56），有"大明万历丁未年制"楷书款。立柜四面平式，对开门，整体造型朴素简洁，没有多余的装饰，只以横枨竖枨界分空间。而在木胎表面则施以戗金、填彩工艺，髹成各种纹饰，使得整件家具典雅华贵。故宫博物院清宫旧藏金龙戏珠纹药柜（见图2.57）、书格（见图2.58）、箱（见图2.59），都有"大明万历年制"款，都是木胎造型，简洁雅致，却在家具表面髹饰得华美富丽。

图 2.54　　　　　　　　图 2.55　　　　　　　　图 2.56

图 2.57　　　　　　　　图 2.58　　　　　　　　图 2.59

3. 明式家具

明代前期的宫廷家具重装饰轻雅致，多绚丽的纹饰和华美的格调，透出强烈的喧嚣华丽、富丽华美之态，为当时的文人雅客所不屑。明代中后期家具发展花开两处，一是宫廷家具，二是民间家具在明代吴中一带另发新枝，改变了宫廷家具一枝独秀的状态，也形成了与宫廷家具截然不同的艺术风格，即明式家具艺术风格。明式家具的艺术风格造型简洁、结构精准、尺度合宜，呈现典雅质朴、清新雅致之风尚，引领了当时当地审美和时尚，继而辐射全国，甚至逐渐影响了统治阶级的审美。自此，明式家具风靡一时。

明式家具主要的特点体现在以下几个方面：

（1）造型简洁，装饰适当，比例合度，轮廓曲线张弛合宜，刚柔并济，寓变化于统一。

（2）重视使用功能，符合人体尺度，使用方便舒适。

（3）结构精准，榫卯严丝合缝，使得家具坚固耐用。

（4）重视材料的选择和搭配，重视木材本身的自然属性，如木材自然的颜色和纹理。

南京博物院藏有黄花梨刀板牙子、梯子枨、圆腿平头案（见图2.60），整体造型简洁无饰，所有的构件都承担结构受力，没有冗余的构件和装饰，是典型的明式家具风格。案的一腿上方刻有："材美而坚，工朴而妍，假而为凭，逸我百年。万历乙未元日充庵叟识。"故宫博物院

- 图 2.54　剔红孔雀牡丹纹香几（《故宫博物院藏》）
- 图 2.55　剔红松涛云龙纹箱（《故宫博物院藏》）
- 图 2.56　填漆戗金云龙纹立柜（《故宫博物院藏》）
- 图 2.57　金龙戏珠纹药柜（《故宫博物院藏》）
- 图 2.58　金龙戏珠纹书格（《故宫博物院藏》）
- 图 2.59　金龙戏珠纹箱（《故宫博物院藏》）

藏铁梨木翘头案（见图 2.61），面板底面中部刻有"崇祯庚辰仲秋制于康署"，也是典型的明式家具风格。

图 2.60

图 2.61

- 图 2.60　万历款明式平头案（南京博物院藏）
- 图 2.61　崇祯款明式翘头案（故宫博物院藏）
- 图 2.62　各式清式家具

4. 清式家具

清代早期家具继承了明代的家具风格，家具的制作没有因改朝换代而立刻发展变化，基本沿袭前朝工匠及制作方法。随着历史发展，大约在康雍乾时期，开始表现出新朝代的新风格，即清式家具（见图 2.62）。清

式家具是指一种重视装饰，雕琢繁复的家具，装饰方法主要由雕刻、镶嵌、髹漆等组成。到清晚期，随着国力的衰落，家具也滥施装饰，雕琢烦琐细碎，重观赏而轻实用，渐入末路。

图 2.62

03

第三章
中国家具与世界家具发展的交流

第三章

中国家具与世界家具发展的交流

第一节
古埃及折叠凳与中国交杌

交杌是指两腿交叉设置，中间安转轴，可以折叠展开的便携式家具。交杌最早是在汉代传入中原的，那时候称作"胡床"。而胡床两腿交叉结构的出现，最早要追溯到古老的古埃及时期。

1. 古埃及、古希腊、古罗马时期的折叠凳

古埃及是人类最早的文明发祥地之一，是有着深厚文化的文明古国。古埃及地处非洲东部，这里气候干燥、土地肥沃，非常适合人类生存。早在公元前3000余年，就建立了古埃及国家。古埃及的统治阶级垂足而坐，使用凳子、椅子等高型坐具，家具是彰显权势和地位的重要象征。不少家具保存在法老、贵族的陵墓中，因为气候干燥、陵墓结构严密等原因，这些家具历经数千年得以保存下来。

凳子是古埃及贵族经常使用的坐具，折叠凳是其中最常见的家具品类（见图3.1）。折叠凳主要用木材制作，凳面另铺陈织物或兽皮，座面四角起翘，面心下凹，四腿两两交叉，腿下端做鸭头形，连接在横木上，横木落地。

图坦哈蒙墓里出土的折叠椅（见图3.2）是更尊贵的有靠背的折叠坐具，椅子用黑檀木制作，造型独特，底座是折叠式，部件局部包金，四腿交叉，腿下端做鸭头形，下承横木，与折叠凳做法相似。此墓同时还出土了配合床使用的一件枕头（见图3.3），也是折叠结构，四腿交叉，腿下端亦做鸭头形，下承横木，不同之处在于四腿之上承接的面较窄，适合搭头部。

图 3.1

图 3.2

图 3.3

- 图 3.1 底比斯城折叠凳
- 图 3.2 图坦哈蒙墓中出土的折叠椅
- 图 3.3 图坦哈蒙墓中出土的枕头
- 图 3.4 五世纪花瓶绘画中的希腊折叠凳
- 图 3.5 五世纪花瓶绘画中的希腊折叠凳
- 图 3.6 庞贝古城出土的折叠凳

公元前 332 年，希腊马其顿王国亚历山大大帝侵入埃及，结束了延续 3000 年之久的法老时代。但是古埃及的家具艺术影响了古希腊和古罗马，呈现了一种家具文化的承继和创新。折叠结构的家具也出现在古希腊和古罗马的家具样式中。

凳子也是希腊人常用的坐具，其中就有轻便可折叠的凳子，四腿一般弯曲并且腿下部收于兽足，我们可以从五世纪花瓶绘画中看到希腊典型的兽足折叠凳的形象（见图 3.4 和图 3.5）。

庞贝古城出土了一件青铜制折叠凳（见图 3.6），底腿用两个厚重的交叉部件相连接，腿下部为鹰嘴落地，座面两侧是厚重的木板，中间用绳编织出座面。这样的折叠凳与古埃及的折叠凳结构上相似。

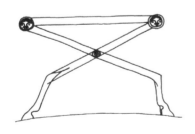

图 3.4

图 3.5

图 3.6

2. 中国的胡床、交杌与交椅

与古埃及、古希腊、古罗马时期的折叠凳有着相似结构的胡床，本是北方游牧民族使用的普通的坐具，却承载了与农耕文明汉人截然不同的垂足而坐的起居方式，这是对数千年来持三代礼仪不变的中原汉人最大的影响。

游牧民族擅骑射，在广漠之上自由驰骋，当下马休憩的时候习惯使用可以折叠、方便携带的胡床作为坐具，在与汉人的交流中，引起汉人的兴趣。《后汉书·五行志》载："灵帝好胡服、胡帐、胡床、胡坐、胡饭、胡箜篌、胡笛、胡舞，京都贵戚皆竞为之。"汉灵帝所好胡人文化和生活，使得统治阶层贵族纷纷效仿，上行下效，在一定阶段后必然会影响到普通大众的喜好和审美。

晋干宝的《搜神记》载："胡床、貊盘，翟之器也；羌煮、貊炙，翟之食也。自太始以来，中国尚之。"太始当为汉武帝的年号。《梁书·侯景传》载侯景篡梁后"时着白纱帽，而尚披青袍，或以牙梳插髻。床上常设胡床及筌蹄，着靴垂脚坐"，书中行文对侯景多贬斥之言，所提及景设胡床筌蹄垂脚坐，亦不免嘲讽之意，可见当时相对于正统礼教席地而坐的生活习惯，踞胡床垂足坐正在经历为人们既排斥又慢慢接受的阶段。

隋朝时期，因隋炀帝改胡床为交床。宋代开始称作交椅。明清时期则称为马扎、交杌和交椅，其造型还是保留面下交叉可折叠的结构。这些胡床造型的坐具在中国历史上造型变化不大，主要有无靠背的、直靠背、圆靠背三种。

交杌也称作马扎，无靠背，只有座面和面下交叉可折叠的腿足，也最接近原始的胡床造型。南北朝时期北齐杨子华《校书图》（见图 3.7）清晰地描绘了无靠背的交杌造型。直到明清时期，交杌依然保持了最简洁的造型、最典型的结构。现代生活中，特别是在中国农村，依然可以看到交杌的制作、售卖和广泛使用。

图 3.8 中的紫檀交杌是典型的明清时期的交杌，为紫檀制，座面是两根截面为长方形的长条大边，中编席藤，座面下四腿两两交叉，以轴钉穿插，为转轴，可收展。四腿下承两根截面为长方形的长条边，前面上作双足壶门脚踏，为承脚之用。此交杌造型简洁，没有多余装饰，结构精准，代表了典型的明式家具艺术风格。

图 3.9 中的黄花梨交杌与紫檀交杌的造型和结构相似，不同之处在于座面大边看面浅雕卷草纹，作适当装饰，另在四腿两两交叉的轴钉部分、脚踏部分等作适当的装饰，使得整件交杌更显精致与空灵。

多数的交杌座面为两大边之间编织席藤，折叠的时候只需将席藤弯折即可。而天津博物馆藏黄花梨螭龙纹上折式交杌（见图 3.10 和图 3.11）则是由两片有直棂的木框组成的硬面座面，不能向下折叠，只能向上提才能折叠，折叠后的体量与席藤面交杌相似，是折叠交杌的独特变化。

第三章　中国家具与世界家具发展的交流

图 3.7 　　　　　　　　　　　　　　图 3.8 　　　　　　　　　　　　　　图 3.9

图 3.10

- 图 3.7　北齐杨子华《校书图》中的交杌
- 图 3.8　紫檀交杌（原美国加州中国古典家具博物馆藏）
- 图 3.9　黄花梨交杌（侣明室藏）
- 图 3.10　黄花梨螭龙纹上折式交杌（天津博物馆藏）
- 图 3.11　天津博物馆藏黄花梨螭龙纹上折式交杌测绘图（陈增弼绘制）

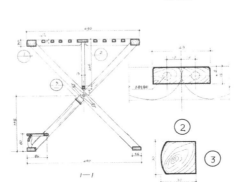

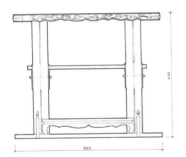

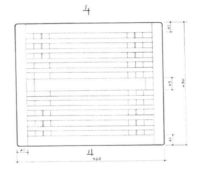

图 3.11

y

39

无靠背的交杌不断发展，出现了更舒适的直靠背交椅。直靠背交椅是相对于圆靠背交椅而言的，是指靠背与普通靠背椅相类似的造型。北宋张择端《清明上河图》中赵太丞家正中间就摆放着一把直靠背交椅（见图3.12），椅子靠背由前腿上沿之间搭双罗锅枨和罗锅式搭脑组成，其余无装饰，倍显其造型简洁、结构精准。明《三才图会》也描绘了造型简洁的直靠背交椅（见图3.13），其中一件

带扶手和脚踏。明唐寅《李端端落籍图》中精心绘制了一把直靠背交椅（见图3.14），其纤细的四腿交叉，靠背竖向，脚底还有壶门脚踏支撑，与传世的直靠背交椅造型很接近。

传世的直靠背交椅（见图3.15和图3.16）依然保持了汉代胡床的结构，靠背的造型与普通的靠背椅、扶手椅的靠背做法相似，其结构构件即为造型元素，将结构与造型紧密地联系在一起。

图 3.12

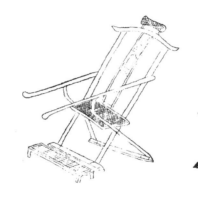

图 3.13

图 3.14

图 3.15

图 3.16

圆靠背交椅是在交机基础之上，增加圆形椅圈，后腿上沿成弓形弯曲，与圆形椅圈近扶手处连接，弧形靠背连接座面和圆形椅圈，形成完整的座面靠背和扶手结构，与靠背椅、扶手椅的座面之上部分相似。圆靠背交椅到宋代已经定型，结构也保持稳定。南宋《蕉阴击球图》（见图 3.17）和南宋《春游晚归图》（见图 3.18）中都有完整的圆靠背交椅的描绘。传世的圆靠背交椅为数不多，多为装饰精美的硬木交椅，或髹饰精美的大漆交椅，精工打造，精益求精。

侣明室藏黄花梨圆靠背交椅（见图 3.19），椅圈圆润饱满，至扶手处向外翻折出扁圆，适合手握，靠背选择花纹甚好的黄花梨独板，在靠背偏上处浅浮雕如意云头纹饰，为整件交椅提气点睛。交椅各处适当雕琢，并配以黄铜饰件，使得整件交椅既简洁又精致，典雅文气。

王世襄《明式家具珍赏》中的一件黄花梨圆靠背交椅（见图 3.20）也是精益求精，与上件不同之处在于由靠背三段攒成，上段透雕螭龙纹开光，中段透雕麒麟纹，下端作卷草纹壸门亮脚。

图 3.17

图 3.18

- 图 3.17　南宋《蕉阴击球图》中的圆靠背交椅
- 图 3.18　南宋《春游晚归图》中的圆靠背交椅
- 图 3.19　黄花梨圆靠背交椅（侣明室藏）
- 图 3.20　黄花梨圆靠背交椅（《明式家具珍赏》）

图 3.19

图 3.20

中国古人喜用木枕，如图 3.21 所示，此种可折叠的枕凳，实为一块木头斫制。在一块长方形原木基础之上，先在两侧各削成两层，削至三分之一的位置。在中间三分之一处则开交错的榫卯，让其交错穿插，实现折叠和展开的结构。

• 图 3.21 中国古代一木斫制可折叠枕凳

图 3.21

3. 以折叠凳或交椅为灵感的家具设计

不管来自古埃及、古希腊、古罗马时期的折叠凳，还是中国的胡床、交杌、交椅，这种交叉折叠的腿部结构，对世界范围内的家具发展产生了深远的影响，并激发了不少设计师以此为基础的造型设计。

丹麦设计师凯尔·柯林特（Kaare Klint）（1888—1954）是丹麦家具设计的领军人物，被誉为"丹麦近代家具设计之父"。从 1924 年起，柯林特在母校丹麦皇家艺术学院教学，其教学特点是研究传统家具并进行重新设计。柯林特最擅长吸收传统，探索传统与创新的平衡，赋予传统以自我独特的理解和重建。有学者毫不吝啬地说，丹麦家具的黄金时期

是从凯尔·柯林特的学生一代发展起来的。

柯林特于 1927 年设计的螺旋桨凳（Propeller Stool）（见图 3.22 和图 3.23）是受这种交叉可折叠结构而进行的创新设计。螺旋桨凳结构直接采用折叠凳或交杌的交叉结构，以两腿交叉的节点为轴，可折叠展开使用，座面也直接使用帆布连接成软质座面，以符合折叠展开的软质座面需求。此款设计的创新和独特之处在于其状似螺旋桨的腿部曲线，将一根圆柱状腿沿着螺旋上升的曲线割裂成两根独立的腿，让这两腿在折叠后成一完整的圆柱形，在两腿展开后成独立的有着优美蜿蜒曲线的独立腿。螺旋桨凳是在交叉折叠结构的坐具基础之上的创新，既借鉴了此种结构便捷坚

固的结构优点，又创新地塑造出优美的螺旋曲线腿足。螺旋桨凳是在传承基础之上的创新，是对传统的独特理解和重新诠释，给我们设计师探索传统与创新，提供了很好的思考与启发。

丹麦设计师奥尔·温谢尔（Ole Wanscher）（1903—1985）是丹麦斯堪的纳维亚设计风格的重要参与者，他于 1957 年设计了埃及凳（OW2000 Egyptian Stool）（见图 3.24），是从古埃及和底比斯凳获得灵感进行的再创作。此凳使用橡木制作，交叉的四柱并不是简单的圆柱，而是在轴钉处和上下收尾处略粗，其他部分略细，形成平缓的粗细过渡。此种设计既有造型的考虑，更多的是结构坚固的考虑。座面两个横板扁平，略下凹，挖槽以固定皮质座面，使座面形成微凹的曲面，增加舒适度。横板下出接头与斜柱连接。落地的两横材圆柱形，上亦出接头与斜柱连接。

此设计细节讲究，具雕塑般的美感，是从埃及的折叠凳中发展而来，却具有浓郁的斯堪的纳维亚风格。

保罗·克耶霍尔姆（Poul Kjaerholm）（1929—1980）是丹麦现代主义的设计师。他于 1952 年毕业于哥本哈根工艺美术学院家具制造专业，并于 1952 年至 1956 年在此任教，开始了他家具设计的生涯。保罗不同于丹麦多数家具设计师用实木为制作材料，他更喜欢用不锈钢材料作为家具的主材，辅以帆布、皮革、藤绳等材料，设计作品简单干净，具有明显的现代主义风格，形成了鲜明的个人设计风格。

保罗·克耶霍尔姆设计的 PK91 折叠凳（见图 3.25 和图 3.26），是从古埃及的折叠凳中获得灵感，进行创作。他独出心裁地使用他最偏爱的不锈钢为材料，将交叉的四根构件做成薄扁的长条，在中间通过轴钉连接之后，长条开始向上向下做扭曲 90 度处理。长条下端与横向薄扁的长条连接，上端亦连接薄扁的长条，上包裹帆布做面，帆布有米黄、棕色、黑色等不同颜色，与不锈钢的金属色泽皆搭配合宜。

- 图 3.22　丹麦凯尔·柯林特设计的螺旋桨凳 1（1927 年）
- 图 3.23　丹麦凯尔·柯林特设计的螺旋桨凳 2（1927 年）

图 3.22

图 3.23

图 3.24

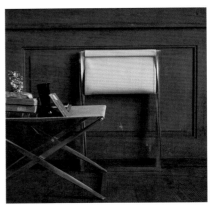

图 3.25

图 3.26

• 图 3.24 奥尔·温谢尔
设计的埃及凳（1957 年）
• 图 3.25 保罗·克耶霍
尔姆设计的 PK91 折叠凳
1（1961 年）
• 图 3.26 保罗·克耶霍
尔姆设计的 PK91 折叠凳 2
（1961 年）
• 图 3.27 2017 Good Design
Award 中国"梵几"品牌
平云衣架

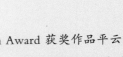

　　国内设计品牌"梵几"2017 Good Design Award 获奖作品平云衣架
（见图 3.27），采用中国交椅的交叉折叠结构，实现衣架的折叠展开。
两组框架在转轴处交叉，一框架高，一框架低，可以挂不同长度的衣
服。

图 3.27

　　H&M 品牌的木质折叠凳（见图 3.28 和图 3.29）是传统交机的结构，凳面和足端的四根圆材较粗，交叉的四根圆材较细。凳面两根圆材之间使用帆布连接，方便折叠的时候合在一起。浅色的帆布和深色的胡桃木形成材质和色彩的鲜明对比。

图 3.28

图 3.29

　　日本设计师 Yoshiyuki Hibino 设计的折叠椅（见图 3.30）使用折叠结构，座面与前腿框架交叉处安装折叠转轴，前腿框架与后腿框架交叉处安装折叠转轴。通过折叠，座面、前腿框架和后腿框架收于一个平面。

- 图 3.28　H&M 品 牌木质折叠凳 1
- 图 3.29　H&M 品 牌木质折叠凳 2
- 图 3.30　日本设计师 Yoshiyuki Hibino 设计的折叠椅

图 3.30

第二节
中国圈椅和汉斯·瓦格纳的中国椅系列

1. 中国圈椅

圈椅是中国坐具椅子出现之后逐渐发展成型的椅子品类，将靠背和扶手融合在一起，形成一圈前面开敞的圆形椅圈，故名圈椅。早在唐朝时就有了椅圈的形象（见图 3.31），宋代时就出现了完整的圈椅造型，元代基本发展成熟（见图 3.32），明代更是将圈椅造型发展到简致，形成了风格鲜明的明式圈椅造型。

圈椅的椅圈成 C 型，自后向前逐渐变矮，靠背板之上部分最高，扶手部分最矮，椅圈于鹅脖之上部分内收并外展成扶手。椅圈一般为三段圆材或五段圆材通过楔钉榫连接而成，只有少数如水曲柳木圈椅是使用热弯技术用整条水曲柳做成的。椅圈曲线很微妙的变化都会对圈椅整体造型产生很大的影响，也会对圈椅的舒适度产生很大的影响。

圈椅最大的艺术特点是圆形椅圈，将传统的靠背和扶手合二为一，不仅承担了靠背和扶手的功能，还塑造了独特饱满的造型曲线。设计成功的圈椅既舒适又优美，椅圈在其中起到了至关重要的作用。椅圈是圆润的，舒展的，不断变化的。椅圈从后向前依次与靠背板、后腿上截、联帮棍和鹅脖连接，每一个构件的曲线配合在一起是协调的、统一的，并变化丰富的（见图 3.33）。

故宫博物院收藏的紫檀圈椅（见图 3.34）由紫檀制成，座面之上由鹅脖、联帮棍、靠背板与圆形椅圈连接，椅圈饱满圆润，扶手处外撇，并雕刻卷草纹饰。靠背板三段攒成，靠背板与椅圈和座面连接处安角牙。座面下收束腰，束腰下安 C 形腿，腿纤细，于末端内翻卷草。四腿之下安托泥和小足。

黄花梨双螭纹圈椅（见图 3.35）与图 3.34 中圈椅的造型最大不同是，图 3.34 中圈椅是束腰式，此件圈椅是梁柱式。座面之上，由前腿上截、联帮棍、后腿上截和靠背板连接圆形椅圈和座面。靠背独板，偏上浅浮雕双螭纹开光。

图 3.31   图 3.32

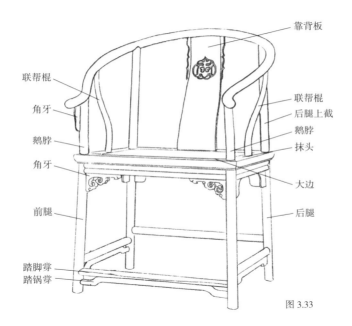

靠背板

联帮棍

角牙

鹅脖

角牙

前腿

联帮棍
后腿上截
鹅脖
抹头
大边

后腿

踏脚枨
踏锅枨

图 3.33

• 图 3.31 唐周昉《挥扇仕女图》中圈椅的雏形
• 图 3.32 元任仁发《张果老见明皇图》中的圈椅
• 图 3.33 中国传统圈椅的各部分名称
• 图 3.34 紫檀圈椅（故宫博物院藏）
• 图 3.35 黄花梨双螭纹圈椅（《明式家具萃珍》）

图 3.34

图 3.35

47

2. 汉斯·瓦格纳的中国椅系列

斯堪的纳维亚半岛地处欧洲的最北边，基本与欧洲隔离开来，形成了自己独特的文化圈。因为独特的地理、人文环境造就了独特的文化与设计，斯堪的纳维亚半岛的设计风格一直鲜明独特，在 20 世纪 50 年代以后大放异彩。

斯堪的纳维亚设计非常重视与自然和谐发展，重视使用自然材料，重视手工艺传统，重视人性化，重视实用与艺术相结合，形成了独特的"有机现代主义"设计。斯堪的纳维亚半岛的设计犹如它的历史、文化一样，与外界交往自如，又保持着独有的设计风格。

北欧人从来不拒绝外来的文化与设计的影响，而是非常自然地接纳吸收，然后变成自己文化、设计的一部分，吸收又融合，产生独具北欧民族文化的创新。北欧风格，就是抓住自身文化的独特性，吸收其他民族文化的创新灵感，从而不断更新。比如他们的陶瓷受东方影响，家具受英国、美国、中国的影响，但最终依然形成了斯堪的纳维亚半岛独有的文化与设计风格。

斯堪的纳维亚半岛的设计没有局限于本土，而是在全球化大背景下，敞开胸怀，拥抱世界，共享经济、科技和文化资源，吸收外来文化与设计，与自身文化与设计相结合，进而发展自己的民族文化与设计，既开放又独立，是当今社会文化全球化背景下设计大同的很好案例。

汉斯·瓦格纳（Hans Wegner）（1914—2007）是丹麦著名的家具设计师，木匠出身，年轻时期就接受了专业的细木工技术训练，从设计助手逐步走向家具设计大师。汉斯·瓦格纳是第一代专业家具设计师，他一生设计了 100 多件家具。他的家具设计注重使用自然材料，重视手工艺技能，实用与艺术并重，符合斯堪的纳维亚半岛的"有机现代主义"风格。他对一件家具设计讲究精益求精，研究每一个细节，追求家具设计无死角，全角度都应该是美的。

瓦格纳最擅长从传统设计中寻找灵感，在此基础上生发创意，形成自己的设计作品。其中以英国的温莎椅为灵感，设计了一批"温莎椅"系列椅子，成功将传统与现代结合起来，并形成自己独特的设计风格。还有以中国圈椅为灵感设计的一批"中国椅"系列家具，也是中国传统家具再创新的成功案例。

1943 年，丹麦著名家具品牌 Fritz Hansen 拜访汉斯·瓦格纳，探讨关于曲木加工技术，自此，瓦格纳开始了"中国椅"系列坐具的设计研发。

1944 年，汉斯·瓦格纳完成了第一件受中国家具圈椅启发的椅子，并将其命名为"The China Chair"（见图 3.36 和图 3.37）。至于汉斯·瓦格纳是如何接触到中国家具，并开始关注研究，从中获取灵感的过程，已经不为人所知。与汉斯·瓦格纳合作

图 3.36

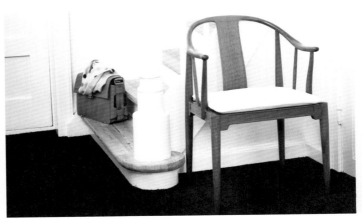

图 3.37

的家具品牌 PP Møbler 认为，他在丹麦工业艺术博物馆看到了中国的古代家具，并进行了仔细的学习研究。无疑，"The China Chair" 获得了很大的成功，以至于之后的数年汉斯·瓦格纳一直热衷于进行"中国椅"系列家具的设计。这件椅子的椅圈受中国圈椅影响，将搭脑和扶手连接起来成一弧形椅圈，椅子的靠背板、鹅脖、联帮棍也是直接采用中国圈椅的做法，只在曲线、细节上作变化。座面上铺陈软垫，四腿连接座面四角然后落地，四圆腿成上大下小，腿间以横板固定，取代了中国圈椅惯用的横枨，留出足够的座下空间。

1945 年，汉斯·瓦格纳对第一款"中国椅"子再次改版创新，设计出"The Chinese Chair"（见图 3.38~图 3.41）两个版本，依然是在中国圈椅影响之下进行的创新设计。圆形椅圈采用蒸汽弯曲技术和预压成型技术来完成，这种技术为实木制作曲面弧面提供了可能，也表现了汉斯·瓦格纳善于探索开发新的木材加工技术。与第一款相比较，椅圈更加圆润，平滑过渡。其中一个版本的椅子座面采用绳编工艺，这种工艺也是丹麦设计中的传统技艺，为整件作品增添了精工细作的手工印记；另一个版本则使用了弧形软垫。座面之下重新吸收了中国圈椅两腿之间加枨的做法，以增加坚固，不同之处在于，横枨横截面为跑道圆。前面两腿之间的枨子抬高，一个版本作横枨，另一个版本作异形与座面连接，如此既可以增加坚固，又不会影响座下空间。

为了增加中国椅系列的丰富性和使用广泛性，1946 年，汉斯·瓦格纳继续设计了可供三人坐的"The Chinese Bench"（见图 3.42 和图 3.43），其造型来源于 1945 年设计的"The Chinese Chair"，相当于三个"The Chinese Chair"叠合在一起，因为长并弯曲的椅圈很难由蒸汽弯曲技术实现，1991 年以后生产的"The Chinese Bench"都是采用预压成型技术来实现的。

• 图 3.36　汉斯·瓦格纳于 1944 年设计的"The China Chair"
• 图 3.37　"The China Chair"室内展示

• 图 3.38 汉斯·瓦格纳 于 1945 年 设 计 的 "The Chinese Chair" 1

• 图 3.39 汉斯·瓦格纳于 1945 年设计的 "The Chinese Chair" 2

• 图 3.40 制 作 中 的 "The Chinese Chair"

• 图 3.41 "The Chinese Chair" 的室内展示

• 图 3.42 汉斯·瓦格纳于 1946 年 设 计 的 "The Chinese Bench"

• 图 3.43 "The Chinese Bench" 的室内展示

图 3.38

图 3.39

图 3.40

图 3.41

图 3.42

图 3.43

1949 年，汉斯·瓦格纳再次以"中国椅"系列为原型，设计出"The Round Chair"，也取得了巨大成功。1960 年美国竞选总统首次电视辩论中，约翰·肯尼迪和理查德·尼克松就是坐在这把椅子上进行的，"The Round Chair"大受美国人民好评，并直称其为"The Chair"（见图 3.44~ 图 3.46）。

1950 年，汉斯·瓦格纳再次在"中国椅"系列基础上进行设计，设计了"The Wishbone Chair"（见图 3.47），椅子和底座及椅圈承继"中国椅"系列家具的共性，在靠背板的部分采用 Y 形造型，继续表达家具设计里的有机现代风格。圆形椅圈依然使用蒸汽弯曲技术，座面使用绳编织方法。

汉斯·瓦格纳的"中国椅"家具作品系列，从中国传统家具中汲取了适当的养分，应用到了北欧家具艺术中，并成就了北欧艺术的经典之作。这种借鉴恰到好处，不着痕迹，看似不经意的借鉴，却蕴含了汉斯·瓦格纳这位伟大家具大师对中华文化、中国家具独到的理解和思考。这也印证了笔者提出的设计大同概念，明式家具艺术要在全球文化体系、全球设计体系中既吸收世界其他民族优秀的文化和艺术成果，又保持自身的文化和艺术特点，使得中华民族文化既发展又保持独特。

图 3.44

图 3.45

图 3.46

图 3.47

• 图 3.44　汉斯·瓦格纳于 1949 年设的"The Round Chair"
• 图 3.45　"The Round Chair"的室内展示 1
• 图 3.46　"The Round Chair"的室内展示 2
• 图 3.47　汉斯·瓦格纳于 1950 年设计的"The Wishbone Chair"

2019 红点奖获奖作品 Venice 椅（见图 3.48）将靠背和扶手融合成半圆的造型，半圆曲线自靠背位置向前倾斜下来，流畅自然。

2015 红点奖获奖作品 MUJI 橡木细腿圆靠背椅（见图 3.49）选择百年成才的白橡木，打造百年使用的坚固家具。其圆润柔和的圆靠背，从不同角度都可以接触它，它既可以支撑后背，又可以将胳膊搭在上面，形成舒适的倚靠姿势。所有构件都是圆材，触感舒适，柔和雅致。

图 3.48　　　　　　　　　　　　　　　　　　图 3.49

2014 红点奖获奖作品劈裂餐椅（见图 3.50 和图 3.51）使用独特的半圆形构件做四腿和椅圈。在 C 形椅圈与四腿接触的部分，两个半圆截面的构件神奇地合二为一，成为完整的圆形构件。在后背倚靠的位置和扶手末端，呈现完整的圆形截面。整个设计的细节展示着分与合，合与分的曲线演绎。

图 3.50　　　　　　　　　　　　　　　　　　图 3.51

　　国内家具品牌"素元木作"设计的明心圈椅（见图 3.52 和图 3.53）也是受中国传统圈椅的影响，将靠背和扶手二合一，形成一个拐角明显的椅圈，椅圈前段与前腿穿过椅面向上延伸的部分结合。靠背为传统的素靠背。后腿倾斜角度很大，也穿过椅面向上延伸，与椅圈连接。从侧面可以看到后腿倾斜的角度。

图 3.52

图 3.53

• 图 3.52　明心圈椅的室内展示
• 图 3.53　国内家具品牌"素元木作"明心圈椅

第三节
清式家具艺术与欧洲洛可可家具艺术

1. 清式家具艺术

清朝是满族建立的封建王朝，满族最早为女真族，女真族最早生活在"白山黑水"的东北地区，主要以渔猎为生，兼事农业。战斗力强悍，北宋时，更是灭北宋，建立金国。1635 年，皇太极改"女真"为"满洲"，将居住在东北地区的多个民族纳入八旗，形成了满族。满族是非农耕民族，审美受游牧民族生活环境和文化背景的影响而呈现出浓郁的草原文化气息。

满族建立清朝之后，更是把这种草原文化审美带入中原。清朝统治阶级一方面要面对数千年的中原文化和艺术延续，另一方面对自己的满族文化和艺术情有独钟，在两相拉锯和权衡下，综合了中原文化和草原文化，将两者融合起来，最终形成了独特的清式文化和审美。汉文化在经历了宋明以来的素雅、简洁之风后，能够很自然地接受华丽繁复的装饰风潮。清式家具也受其影响，追求华丽的装饰和精致的雕琢。

清王朝建立之初，百废待兴，经过几十年的休养生息和积累，至康熙即位后，国力开始强盛，工艺美术品也跟着日趋繁荣起来。清式家具的高峰期，正是发生在康雍乾这一段历史时期，清式家具经历了发展繁荣的阶段，乾隆之后就开始走下坡路了。

清式家具（见图 3.54~ 图 3.57）造型丰富多变，品种多样，用料厚重，装饰华丽，装饰手法多样，有雕刻、镶嵌、漆饰、彩绘等，甚至出现多种装饰手法并用的情况。

图 3.54

故宫博物院藏有一件康熙时期填漆戗金小几（见图 3.54），此几几面异形，几面上填漆戗金描绘月季花纹饰。几面之下为 S 形腿，腿末端外翻出球，腿表面亦绘花卉纹饰。四腿之下设托泥，托泥造型与几面相似，略做概括，托泥上以绘花卉纹饰。此几造型别致优雅。

故宫博物院藏有一件紫檀折叠式两用炕桌（见图 3.55），此炕桌长方，四腿可折叠向内收起，桌面可从中间叠起，形成一个方正的盒子形状，桌面上的文玩小件，皆可放入盒内收纳。桌子在四角和可折叠的位置装鎏金铜和。

图 3.55

• 图 3.54　康熙填漆戗金小几（故宫博物院藏）
• 图 3.55　紫檀折叠式两用炕桌（故宫博物院藏）

图 3.56

故宫博物院藏有一件黑漆描金香几（见图3.56），此香几几面为海棠形，几面之下装束腰，束腰上透雕卷草纹饰。束腰之下安四腿，四腿之间安壸门牙子，几腿和牙子随着海棠几面的起伏，而做相应的起伏。腿三弯，腿末端向外翻出卷草。四腿之下安托泥，托泥亦做海棠形，收束腰，并踩矮足。

• 图 3.56 黑漆描金香几
（故宫博物院藏）
• 图 3.57 紫檀剔红嵌铜
龙纹宝座（故宫博物院藏）

故宫博物院藏有一件紫檀剔红嵌铜龙纹宝座（见图3.57），此宝座由紫檀制成，座面之上靠背和扶手内装剔红板，剔红之上镶铜，鎏金，上浅浮雕龙纹。座面之下收束要，束腰上镶铜，鎏金。座面之下四腿，腿末端雕回纹纹饰。四腿之下接托泥。

图 3.57

清式家具中还出现一批受西洋风影响形成的中西合璧的家具风格（见图 3.58~ 图 3.61），这得益于清朝时期与欧洲的频繁交流。清朝建立之初，就出现了传教士的传教活动，传教士将欧洲的科技和文化，以及各种稀奇物品带到中国，如数学、物理、天文、光学科学仪器、西洋钟表以及各类珍玩，这些物品带有明显的西洋风格，引起了统治阶级和贵族阶层极大的兴趣。

特别是康熙皇帝与欧洲传教士汤若望、南怀仁等来往甚密，不仅学习天文、数学、物理，还通过传教士学习欧洲文化，与法王路易十四有着密切、频繁的交流和沟通。不少传教士被留在宫中，为皇帝服务，还参与设计各种器具，更是在长春园修建了西洋式建筑，可以推测，摆放在这些西洋式建筑里的家具，应该受到西洋风的影响。

• 图 3.58　紫檀西番莲纹方凳（观复博物馆藏）
• 图 3.59　紫檀西番莲纹带托泥方凳（观复博物馆藏）

图 3.58

观复博物馆藏有一件紫檀西番莲纹方凳（见图3.58），此方凳正方，凳面四面攒边，凳面下接束腰，束腰上透雕云头纹饰。束腰之下安四腿，腿正方，两腿之间安牙条，牙子和腿上皆雕西番莲纹饰。四腿之下收尾处雕仰覆莲纹饰。此件方凳为典型的受西洋风影响形成的中心合璧的家具风格。

观复博物馆藏有一对紫檀西番莲纹带托泥方凳（见图 3.59），此方凳正方，凳面四面攒边。凳面之下收束腰，束腰之下接四腿，腿间安牙子，牙子和四腿满雕西番莲纹饰。两腿之间、牙子之下又装异形裳，以增加坚固。四腿之下安托泥，托泥起罗锅形，下踩小足。整件方凳雕刻了精美的西番莲及其他纹饰，精致华美。此对方凳为典型的受西洋风影响形成的中心合璧的家具风格。

图 3.59

图 3.60

故宫博物馆藏有一件紫檀西洋花纹椅（见图3.60），此椅座面之上靠背和扶手做明显的西洋曲线、西洋花式以及贝壳状纹饰，受西方影响的效果非常明显。座面之下收束腰，束腰上浅浮雕仰莲纹饰，束腰之下安三弯腿，腿末端雕兽爪抱球。四腿之下安托泥，托泥之下安小足。

• 图 3.60 紫檀西洋花纹椅（故宫博物院藏）
• 图 3.61 紫檀有束腰西洋纹方几（上海博物馆藏）

上海博物馆藏有一件紫檀有束腰西洋纹方几（见图3.61），此方几正方，几面四面攒边。几面下收束腰，束腰上浅浮雕西洋纹饰。束腰之下接四腿，腿四方直挺，在收尾处向内卷回纹。两腿之间安牙子，牙子和四腿上端皆浅浮雕各种纹饰，其中就有西洋卷草。四腿之下接托泥和小足。

图 3.61

而远在南方的广州，更是西洋建筑林立，洋行繁荣。广式家具受西洋风影响最为深远，大到西洋柱式、结构，小到西洋装饰、纹样，都显示出浓郁的西洋风格。在清代前期，广式家具不仅内供宫廷和百姓，还根据外来订单出口外销，更对欧洲家具产生了深远影响。

2. 中国风格的欧洲家具

从 16 世纪开始到 18 世纪的时间里，中国与欧洲的紧密联系，也对欧洲的艺术风格产生了很大影响。彼时，中国、欧洲文化交流紧密，中国的茶叶、瓷器、丝制品、壁纸及家具等作为代表中国文化的器物输入欧洲，受到英国、法国等众多欧洲国家贵族的热捧，他们以身着中国的丝绸，摆设中国的瓷器，品尝中国的茶叶来体现自己的贵族身份。中国器物供不应求，并出现大量以中国为元素的艺术品、工艺美术品的设计，特别是欧洲彼时开始流行的洛可可艺术风格，更是受到中国风的深远影响。这些具有中国风的艺术品、工艺美术品所呈现出来的中国风格，被称为"中国风格"（Chinoiserie）。

这一时期的中国传统家具也成为欧洲人热捧的家具风格，特别是康熙、雍正时期的清式家具风格，受到欧洲贵族的极大关注，并在欧洲模仿设计，被称为"中国风格家具"（Chinoiserie Furniture）。

"洛可可"一词来自法国宫廷庭院中用贝壳、岩石制作的假山"Rocaille"，寓意以岩石、贝壳做装饰的艺术风格。洛可可艺术是 18 世纪初在法国形成的一种室内装饰手法，随后传到欧洲各国，成为整个欧洲风靡的造型装饰艺术。

洛可可艺术风格是在巴洛克艺术风格基础之上形成的，运用华丽的雕琢、装饰，擅长使用多个 S 形曲线，造型圆润柔婉，结构严谨，曲线自由流畅，装饰雅致精细，受中国清式装饰艺术影响深远。洛可可艺术风格和清式装饰艺术风格，两者之间既互相影响，又各自独立，各有特色。

洛可可风格的家具（见图 3.62~图 3.64）造型精致优雅，外轮廓柔美润泽，多用 S 形、波浪曲线，多雕刻贝壳纹、涡卷纹、莨苕叶纹等。在木质家具框架基础之上，搭配锦缎，再加上雕刻、描金、镶嵌、青铜镀金、薄木拼贴镶嵌等装饰工艺手法，形成精致华贵的气质。特别是法国路易十五时期的家具，为典型的洛可可家具风格，其中一部分家具以研究中国漆，探索中国装饰而显著，形成一种既具有中国风味，又有法国独特风格的家具品类（见图 3.65 和图 3.66）。

图 3.62

• 图 3.62　法国巴黎洛可可风格的扶手椅（制造于 1740—1770 年，Victoria and Albert Museum 藏）

• 图 3.63　法国巴黎制造于约 1765 年洛可可风格的扶手椅（The Metropolitan Museum of Art 藏）

　　英国维多利亚和阿尔伯特博物馆藏有法国巴黎洛可可风格的扶手椅（见图 3.62），椅子所有木质构件皆浮雕随形的流畅曲线，配以贝壳、涡卷纹，采用自然的不对称的雕刻。四腿三弯，柔和优雅，扶手和靠背亦使用柔婉的曲线勾勒。整体家具显得华丽尊贵、优雅精致。

图 3.63

　　美国大都会艺术博物馆藏有法国巴黎洛可可风格的扶手椅（见图 3.63），此扶手椅被称作贝格尔椅（Bergère），是法国路易十五统治初期引入的。此椅子的靠背偏后设置，是为了方便一种新潮的裙装帕尼尔而专门设计的。此椅子弯曲的腿足，以及细节处理，展现出典型的洛可可风格。

图 3.64

- 图 3.64　Jean-Baptiste Tilliard 设计的法国洛可可风格的沙发（制造于约 1750 年，Victoria and Albert Museum 藏）
- 图 3.65　法国 1745-1750 年设计的中国风柜（The Metropolitan Museum of Art 藏）
- 图 3.66　法国 1770 年制作的宝石箱柜（The Metropolitan Museum of Art 藏）

英国维多利亚和阿尔伯特博物馆所藏 Jean-Baptiste Tilliard 设计的法国洛可可风格的沙发（见图 3.64），具有当时流行的洛可可风格的特点，运用蜿蜒的曲线，使用植物的枝叶、花卉以及贝壳等装饰纹样。

美国大都会艺术博物馆藏有法国 1745—1750 年设计的中国风柜（见图 3.65），此柜腿纤细修长，S 形向下舒展，与中国家具的三弯腿有异曲同工之妙。更为独特之处是，柜的表面完全模仿中国漆饰的工艺，采用朱漆描金花卉纹饰，是典型的中国风格画面，可见此柜是有意模仿中国风格进行的再创作，同时又具有独特的洛可可式家具风格。

图 3.65

图 3.66

美国大都会博物馆藏有 1770 年法国制作的宝石箱柜（见图 3.66），此柜柜板中间镶嵌的是白色的陶瓷板，陶瓷板上描绘彩色的花草纹饰。柜的木框以中国的朱红漆涂饰，再用青铜镀金雕饰镶嵌，形成多重工艺相结合的洛可可风格的家具。

第四节
中国家具与英国的奇彭代尔家具

在法国如火如荼地发展洛可可式家具的时期,英国也出现了一位伟大的家具设计师奇彭代尔(Thomas Chippendale),并以其名字命名这种独特的家具式样,成为少数享此殊荣的设计师。

奇彭代尔(1718—1779)是18世纪英国乔治时代杰出的家具设计师,他的设计融合了英国本土家具、法国洛可可风格和中国风格,形成了独特的奇彭代尔式家具(见图3.67和图3.68)。

图 3.67

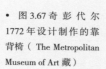

• 图3.67奇彭代尔1772年设计制作的靠背椅(The Metropolitan Museum of Art 藏)

美国大都会艺术博物馆收藏了奇彭代尔1772年设计制作的一套靠背椅(见图3.67),此靠背椅一套15把,是奇彭代尔为约克郡的戈德斯伯勒厅(Goldsborough Hall)设计的椅子,具有新古典主义风格。其靠背设计优雅,靠背中间是向上伸展的扇形曲线,上下皆有雕刻的纹饰。四腿方形,逐渐变细,后腿收尾做兽足状。

美国大都会艺术博物馆收藏了一件奇彭代尔风格的靠背椅（见图 3.68），此靠背椅设计制作于1755—1760 年，此椅是受奇彭代尔的著作《绅士与家具师指南》中椅子的影响而设计的一款椅子，采用一种典型的靠背处理方法，称作"Ribband Back Chairs"，腿部成 S 形弯曲，足部外翻出云卷。

图 3.68

• 图 3.68　根据奇彭代尔风格于1755—1760 年设计制作的靠背椅（The Metropolitan Museum of Art 藏）

奇彭代尔受到从法国流行起来的"中国热"影响，于1740 年开始尝试使用中国风装饰特点，如中国攒斗纹饰、抽屉拉手、中国纹饰等。奇彭代尔于1754 年出版了《绅士与家具师指南》(The Gentleman and Cabinet-Maker's Director)，提供了160 款可供顾客定做的家具，其中不乏受中国风格影响的中国风家具（见图 3.69 和图 3.70），他对中国窗棂、栏杆的攒斗纹饰特别感兴趣，频繁将其应用在椅子、桌子的设计中，这些中国风家具客观上促进了中国风在欧洲的流行（图 3.71~ 图 3.73）。我们可以从图 3.74 和图 3.75 中国传统家具的细节中，看出其对欧洲家具的影响。

图 3.69

英国维多利亚和阿尔伯特博物馆藏有一套英国制造的奇彭代尔式桌椅（见图 3.69），约制作于 1760—1780 年，此桌椅受中国风格和哥特式风格的影响，椅子靠背的几何纹直接来自奇彭代尔的著作《绅士与家具师指南》中，腿的处理则是受哥特式风格的影响。桌子面是可以折叠展开的，桌面下两腿之间亦安几何纹理的花板，与靠背椅的花板相似，但不同。

• 图 3.69　英国制造于约 1760—1780 年的具有中国和哥特风格的奇彭代尔式桌椅（Victoria and Albert Museum 藏）

• 图 3.70　英国制造于约 1750—1775 年的具有中国风格的奇彭代尔式双人椅（Victoria and Albert Museum 藏）

英国维多利亚和阿尔伯特博物馆藏有一把英国制造的奇彭代尔式双人椅，椅子约制作于 1750—1775 年，此双人椅是具有中国风格的奇彭代尔式椅子，其靠背来源于中国窗棂、栏杆的攒斗纹饰，并做了各种变化尝试，扶手上的几何纹理与靠背类似，是一致的风格。

图 3.70

图 3.71 和图 3.72 是奇彭代尔《绅士与家具师指南》中的家具图，椅子靠背和扶手尝试了中国窗棂、栏杆的攒斗纹饰，并尝试做各种变化。

图 3.71

图 3.72

图 3.73 中，栏杆中几何纹样的攒斗做法，受到欧洲人的偏爱。

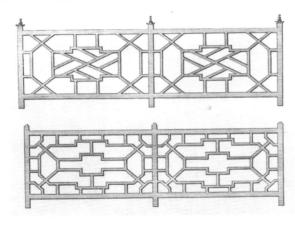

图 3.73

- 图 3.71　奇 彭 代 尔《绅士与家具师指南》中的中国风格椅子 1
- 图 3.72　奇 彭 代 尔《绅士与家具师指南》中的中国风格椅子 2
- 图 3.73　奇 彭 代 尔《绅士与家具师指南》中的中国风格栏杆

图 3.74

观复博物馆藏有一件鸡翅木梳背椅（见图 3.74），此梳背椅为玫瑰椅的造型，靠背和扶手与座面垂直设置，靠背以横竖材界出上、下、左、右、中五个空间，上面空间安三个双环卡子花，下面空间安四个海棠形卡子花，两侧各安一个跑道圆形卡子花，中间空间则做七根宝瓶式竖柱，似梳背。

• 图 3.74　鸡翅木梳背椅（观复博物馆藏）
• 图 3.75　乌木灯笼锦攒斗靠背扶手椅（故宫博物院藏）

故宫博物院藏有一件乌木灯笼锦攒斗靠背扶手椅（见图 3.75），此靠背椅靠背与扶手采用攒斗做法攒出灯笼锦式，靠背三层高度，扶手两层高度，自靠背、扶手向前依次略矮，呈宝座式。攒斗做法在中国传统家具中颇为常见，此几何纹样的窗棂格、栏杆做法，在 18 世纪左右对欧洲产生了极大的影响力，被视为中国风格的典型特色。

图 3.75

图 3.76 为一张在加拿大和美国都有销售的奇彭代尔风格的边桌，边桌侧面两腿之间采用中国风格的攒斗几何纹饰，是奇彭代尔式家具从中国风格中提取出来的造型元素，至今仍然在广泛使用，并受到人们的欢迎。

图 3.76

图 3.77 为一把美国在售的奇彭代尔风格的餐桌，餐椅靠背采用中国风格的攒斗几何纹饰，为典型的奇彭代尔式家具风格，此种风格至今仍受到欢迎。

图 3.77

• 图 3.76　加拿大和美国在售的奇彭代尔风格的边桌（图片来源：www.cymax.com）
• 图 3.77　美国在售的奇彭代尔风格的餐椅（图片来源：https://www.ballarddesigns.com/）

　　图 3.78 为日本设计品牌 Tategu 在 2017 iF Design Award 中获奖的门窗设计，门窗使用天然木材制成，该品牌采用标准化制作，每个构件尺寸为 18mm。门窗的窗棂采用各种不同的几何图案，形成文雅的美学艺术。这些窗棂使用几何图案的做法，可以看到有中国古代窗棂、栏杆攒斗做法的影子。

图 3.78

第五节
林内尔父子的中国家具

威廉·林内尔(William Linnell)
(1703—1763)和约翰·林内尔
(John Linnell) (1729—1796) 父子是
英国18世纪成功的家具设计师和家
具制造商人。威廉·林内尔是英国
有名的家具设计和制作人,他的儿子
约翰·林内尔毕业于圣马丁莱恩学院
(St. Martin's Lane Academy),他
于21岁的时候加入父亲的工作室,
开始了家具设计与制作的生涯。父子
二人为英国贵族专门设计家具(见
图3.79和图3.80),其设计风格广
泛,设计数量众多,设计品质高,完
全可以与当时有名的家具设计师奇彭
代尔等相媲美。

• 图 3.79 约翰·林内
尔 1765 年为阿尼克城
堡和奥斯特利公园设计
的椅子图稿（Victoria
and Albert Museum 藏）

图 3.79 为约翰·林内
尔 1765 年设计的椅子图
稿,是为阿尼克城堡和奥
斯特利公园设计的,此椅
子采用软包和实木雕刻结
合而成,椅腿纤细外撇。

图 3.79

图 3.80 为约翰·林内尔于 18 世纪晚期设计的靠背椅图稿，此椅整体集合了洛可可、新古典主义等艺术风格，弯曲和装饰性的腿足体现了洛可可艺术风格，而腿足之下的兽足，则是从希腊和罗马古典主义中汲取的灵感。整件椅子装饰丰富，雕刻繁重，表现了林内尔对雕刻的热情。

图 3.80

• 图 3.80 约翰·林内尔 18 世纪晚期设计的靠背椅图稿（Victoria and Albert Museum 藏）
• 图 3.81 英国约翰·林内尔 1753 年设计的有中国栏杆、中国漆和中国风景画的化妆柜（Victoria and Albert Museum）

林内尔父子设计的家具中，还有不少运用了中国元素（见图 3.81~图 3.83）。他们对中国风格出奇地偏爱，也因为当时整个欧洲都热衷于中国风格的尝试。以中国风格为特色的家具中，主要借鉴中国栏杆、窗棂格和中国漆的使用。

图 3.81

英国维多利亚和阿尔伯特博物馆藏有一件约翰·林内尔于 1753 年设计的化妆柜（见图 3.81），具有明显的中国风格。此化妆柜体量较大，六足，家具表面整体髹黑漆描金，采用中国传统的髹漆做法。髹漆的图案也是来自中国的山水风景画，和中国栏杆、窗棂格的几何纹饰。柜面上也髹漆描金，绘中国山水画，柜面三面栏杆，栏杆之间做几何纹饰。

图 3.82

英国维多利亚和阿尔伯
特博物馆藏有一件林内尔父
子于 1754 年设计制作的床
（见图 3.82），此床受中国
宝塔和架子床的影响，还设
计有中国隔扇风格的床头，
整体做出架子床的框架，上
面设计出中国宝塔的塔顶造
型，表现了当时英国对中国
风的偏爱。

图 3.83

• 图 3.82　林内尔父子
于 1754 年设计制作的
床（Victoria and Albert
Museum 藏）
• 图 3.83　林内尔父子
1753 年为英国一位公爵
设计的扶手椅的手绘图
稿和家具实物（Victoria
and Albert Museum 藏）

　　英国维多利亚和阿尔伯特博物馆藏有一件林内尔父子于 1753 年设计的扶
手椅（见图 3.83），是为英国一位公爵设计的，博物馆还藏有这件椅子的手绘
图稿。此椅采用框架结构，并使用中国攒斗窗格的做法制作椅子的靠背和扶
手，设计师尝试了各种不同的几何窗棂格。椅子周身髹黑漆和金漆，这也是当
时欧洲所理解的中国风格的典型装饰方法。

第六节
海派家具的中西结合创新

　　1840 年中英鸦片战争签订的《南京条约》使得上海被迫开放，列强纷纷在上海设立租界区，并对租界区按西方人的审美和文化进行了重新改造和建设。洋人带来了西方文化，以及西方的艺术风格，如巴洛克、洛可可的装饰艺术，不仅满足了生活在上海的西洋人的生活需求，也受到生活在上海的中国上流社会的欢迎，并逐渐走进普通市民的生活中。

　　海派家具是 19 世纪中期至 20 世纪中期在上海使用或生产的中西合璧家具，是中国上海在开埠后，在中国传统家具基础之上，吸收消化外来（主要是西方）的艺术风格，设计生产出符合中国人当时生活习惯的新式家具，形成了独特的海派家具风格。这一时期，中国与西方产生巨大冲突，在西方文化猛烈冲击中国传统文化的历史背景下，上海作为乱世之中的临时避难所，迎来了中西文化融合的宝贵的发展机遇，上海这座城市成为海派家具萌芽发展的温室。

　　在家具种类上，海派家具呈现了丰富的类别，如沙发、转椅、独梃圆桌、写字台、酒柜、五斗柜、床头柜、玻璃柜门的书柜等。在造型上以中国清式家具为基础，吸收西式风格，进行融合。在结构上，以中国传统家具制造工艺为主，借鉴西方家具的结构和加工工艺，进行灵活创新。在人因尺度上，更多地考虑使用者的舒适性，如椅子、沙发多使用软包座面和靠背，在与使用者接触的部分，多使用真皮包裹，以增加舒适性。

　　海派家具在中西方家具融合的方向上，进行了大胆、果断的探索创新，不少作品为东西方文化融合创新发展提供了很好的思路（见图 3.84~图 3.89 ）。

图 3.84

• 图 3.84　上海孙中山故居纪念馆小客厅里的陈设
• 图 3.85　上海孙中山故居纪念馆书房里的陈设
• 图 3.86　上海屋里厢石库门博物馆内的陈设

图 3.85

图 3.86

图 3.87

• 图 3.87　上海屋里厢
石库门博物馆内的陈设
• 图 3.88　上海老上海
茶馆里的陈设
• 图 3.89　上海老上海
茶馆里的陈设

图 3.88

图 3.89

04

第四章
影响中国家具创新设计的因素

第四章

影响中国家具创新设计的因素

第一节
文化因素

1. 民族文化与文化全球化

文化是复杂的社会学研究范畴，费孝通教授指出："文化就其广义而言就是人造的世界，包括社会制度和其意识形态。"美国国际政治理论家塞缪尔·亨廷顿（Samuel Phillips Huntington）也指出："文明和文化都涉及一个民族全面的生活方式，文明是放大了的文化。它们都包括'价值、规则、体制和在一个既定社会中历代人赋予了头等重要的思维模式。'"文化是人创造出来的人文世界，我们的祖先创造了中国的文化，而现在的我们也在继承和发展着中华文化。

民族文化是指一个地区的民族，受其独特的自然环境和人文环境的影响，在漫长的历史发展过程中形成的具有当地独有特色的文化。民族文化具有互异性，即不同民族文化具有排他的、独有的特征。民族文化保证了世界文化的多样性，是全球文化体系的重要组成部分。

文化全球化具有融合性，追求文化的"效率"，追求文化一体化，文化趋同，加速融合，从而提高文化发展的效能；而民族文化则具有互异性，追求文化的"质量"，拒绝同质化，坚持独立性和多样性，从而保证全球文化的绚烂多彩。文化全球化与民族文化两者看似是背向而行的两种文化发展思路，其实有着千丝万缕的联系，既紧密联系，又各有特点。文化全球化强调文化的共同性，民族文化强调文化的多样性，文化的共同性和多样性是并行发展的。文化全球化的趋势日盛，但也不可否认文化的多样性，因为丰富多样的民族文化的加入，才使文化全球化的内涵更加丰富。

民族文化在融入文化全球化的过程中，既有文化自觉，贡献自己的民族文化独特性，又有文化自新，在贡献分享中寻找创新发展的契机和切入点，为自我文化注入新鲜的血液，更新自己的文化样式，从而实现自我文化的更新与发展。在文化全球化的趋势之下，展示民族文化的多样性，与多元的民族文化交流沟通，拓宽思路，通过参考借鉴，博采众家之长，启迪灵感，提高自我民族文化的创新力，发挥自我民族文化的优势，保持自我民族文化的独特性和独有性，才能促进民族文化的健康发展。

2. 文化基因与文化自信

设计与艺术都会受到科学技术发展、人类文明发展的影响，同时，还会受到特定人文环境的影响。在全球一体化设计大同的背景下，全球共享最新的信息与科技成果，依然没有出现千篇一律、千人一面的设计作品，依然呈现出千姿百态、绚烂纷呈的设计作品，一个重要原因就是世界不同地区不同的历史文化、人文思想给设计增加了诸多可能性。设计不仅要表现出共享科技、文明发展的共性，更难能可贵的是要表现出本土人文环境浸润的个性，要表现出设计师对民族文化特异性的独到见解，要表现出文化基因的多样性。

中国传统家具蕴含着中华民族的文化基因，在中国家具艺术风格基础上的创新与革新需要将当代审美与传统工艺相结合，用当代审美的视角来吸收中国传统家具艺术的精华，以活性传承的方式来获得创新和革新的灵感，吸收民族文化的特异性来表现设计中的独特气质。

费孝通教授于2000年提出"文化自觉"概念，是指"生活在一定文化中的人对其文化有'自知之明'，并且对其发展历程和未来有充分的认识。"文化自觉是一种文化自省，文化觉醒，从而产生文化自信，在创新发展过程中，能自觉地展现出文化自信，体现中华民族的文化基因。

第二节
形态因素

中国传统家具造型独具特色，表现了中华文化的博大与精深，是中华民族文化特质的标签。家具形态受材料、工艺、结构的影响很大，也有很大的自由发挥空间。中国家具的形态设计可以吸收借鉴中国传统文化、中国传统工艺美术中的相关元素和基因，也可以与现代新科技、新技术、新材料相结合，与现代人的审美需求相结合，寻找造型设计的创新点。

中国家具造型变化丰富，大到家具构件，小到装饰线脚，皆变换万般，大有"乱花渐欲迷人眼"之况。但千变万化，不离其宗，在多变的造型背后，有规律可循。研究这些规律，可以帮助人们"从现象中看本质"，更深入地理解中国家具造型艺术的特点。

1. 中国传统家具的牙子艺术

牙子在中国传统家具中主要用在横竖材相交处，如家具面下两腿之间，或者家具腿与枨之间。牙子的主要作用是支撑加固，相当于中国古建中的枋和雀替。牙子是因结构而产生的构件，同时也是造型的组成部分。牙子的造型变化丰富，中国传统家具的曲线美在此演绎。牙子在中国传统家具发展的过程中，形成了多种相对稳定的造型变化（见图4.1），主要有刀板牙子、壶门牙子、花牙子、洼堂肚牙子、券口牙子、圈口牙子、披水牙子、托角牙子、倒挂牙子、站牙等。这些牙子分别用在不同的位置，但是功能是相同的，即支撑加固，只是在造型和处理上各有不同。

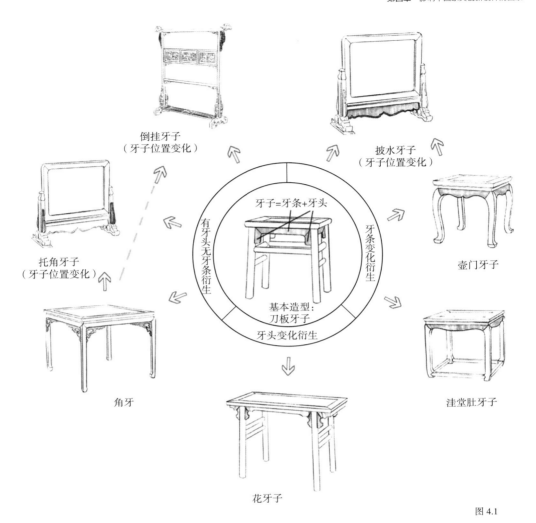

倒挂牙子
（牙子位置变化）

披水牙子
（牙子位置变化）

牙子=牙条+牙头

有牙头无牙条衍生

牙条变化衍生

壸门牙子

托角牙子
（牙子位置变化）

基本造型：
刀板牙子

牙头变化衍生

角牙

洼堂肚牙子

花牙子

图 4.1

牙子主要由牙条和牙头组成，刀板牙子是牙子的基本造型，牙条和牙头的不断变化衍生出所有的牙子造型。牙条和牙头的变化也有序可循，牙条在直线和曲线间跃动，勾勒空间，牙头则在繁简间权衡，或至简如刀板牙子，或繁复成透雕、浮雕、圆雕，各有千秋。因此，牙子的丰富变化可分为牙头的变化衍生、牙条的变化衍生、有牙头无牙条的变化衍生等三种。刀板牙头是最简单的牙头造型，牙头略做修饰就称作花牙子，可以是牙头轮廓曲线的丰富变化，也可以是透雕、浮雕甚至圆雕的雕琢变化，将牙头尽情演绎。如果牙头不变，就变牙条来增加丰富性。牙条的变化衍生出直牙条的刀板牙子，曲线蜿蜒成壸门牙子和洼堂肚牙子。刀板牙子、壸门牙子和洼堂肚牙子是牙条的三种基本变体，三面围合的券口牙子和四面围合的圈口牙子（见图 4.2），都是以这三种变体为变化基础的。

• 图 4.1　牙子的造型变化（笔者绘制）

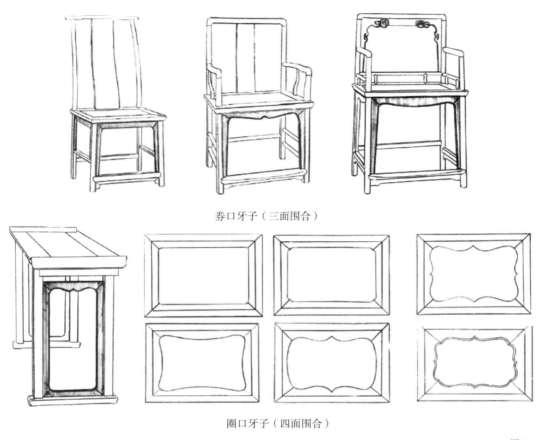

券口牙子（三面围合）

圈口牙子（四面围合）

图 4.2

• 图 4.2 券口牙子和
圈口牙子（笔者绘制）

2. 中国传统家具的牚子艺术

牚子在中国传统家具中主要用在两腿之间，主要作用是加固腿足，相当于中国古建中的梁。

牚子的基本型就是一根平直的横牚，其变化的因素主要是位置、线脚和造型。位置的高低权衡可以产生截然不同的空间意趣，线脚则丰富了牚子的表现力，造型则直线和曲线相结合。牚子的变化类型（见图 4.3）主要有直牚、梯子牚、踏脚牚、赶牚、罗锅牚（高拱罗锅牚、罗锅牚加卡子花、罗锅牚加矮老）、霸王牚、裹腿牚、十字牚等。

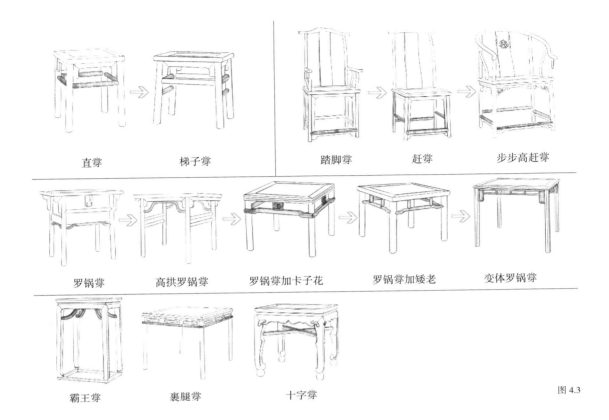

直枨 梯子枨 踏脚枨 赶枨 步步高赶枨

罗锅枨 高拱罗锅枨 罗锅枨加卡子花 罗锅枨加矮老 变体罗锅枨

霸王枨 裹腿枨 十字枨

图 4.3

直枨是最基本的枨子，就是一根平直的横枨，但是直枨的粗细、线脚、位置都会对家具的空间、造型产生很大影响，这些细节以毫米计，失之毫厘，谬以千里。两个直枨叠用，就是梯子枨，很明显，梯子枨是出于增加坚固的考虑才产生的。梯子枨的粗细、线脚、两枨距离、两枨与腿的距离是需要权衡的细节，梯子枨用得好，可以使整件家具提气。踏脚枨是为脚提供搭放休息的构件，家具前面的踏脚枨与两侧和后面的直枨组成赶枨和步步高赶枨，两者相同之处在于四枨与腿特意让开榫接，以保证腿足不在一处凿过多卯眼影响坚固，不同之处在于四枨的高度各有不同，给人不同的视觉感受，表达不同的寓意。罗锅枨是直枨两端成罗锅形高起，首先是避让空间的功能考虑，又施以优雅的 S 形曲线，形成了固定的造型制式。罗锅枨调整曲线、位置、与其他构件搭配方法等又生发了高拱罗锅枨、罗锅枨加卡子花、罗锅枨加矮老、变体罗锅枨等丰富变化。至于霸王枨、裹腿枨、十字枨等变体，也不过是在直枨基本型基础上生发的变体，其变化首先满足结构需要，其次为满足丰富造型的需要。

• 图 4.3 枨子的变化
（笔者绘制）

3. 中国传统家具的线脚艺术

线脚是指家具边抹、牙子、腿足等部位通过面、线的细微处理来表现不同的形态。明式家具以简洁为上，但简洁不代表简陋，在家具的诸多细节上多有揣摩，经得起推敲。如在线脚的面和线的细节处理上颇下功夫，面的基本形态包括平面、混面（凸面）和洼面（凹面），线则包括阳线和阴线（见图 4.4）。平面的高低起伏，曲面的舒敛紧缓，线的粗细深浅等细微的变化可以产生截然不同的视觉效果，面和线的搭配使用让线脚有了更丰富的变化。线脚主要用在家具边抹和腿足上，边抹的线脚处理是指在椅凳、桌案、床榻等面上用攒边做法攒成的边框四边上做线脚（见图 4.5），腿足的线脚处理则是指在腿足截面形状上做丰富变化（见图 4.6）。

• 图 4.4　线脚的处理方法——面的处理和线的处理（笔者绘制）

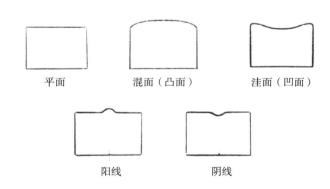

平面　　混面（凸面）　　洼面（凹面）

阳线　　　阴线

图 4.4

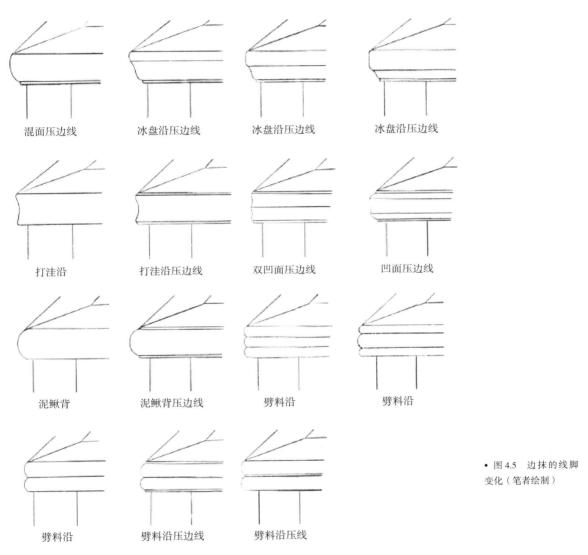

混面压边线	冰盘沿压边线	冰盘沿压边线	冰盘沿压边线
打洼沿	打洼沿压边线	双凹面压边线	凹面压边线
泥鳅背	泥鳅背压边线	劈料沿	劈料沿
劈料沿	劈料沿压边线	劈料沿压线	

• 图 4.5　边抹的线脚
变化（笔者绘制）

图 4.5

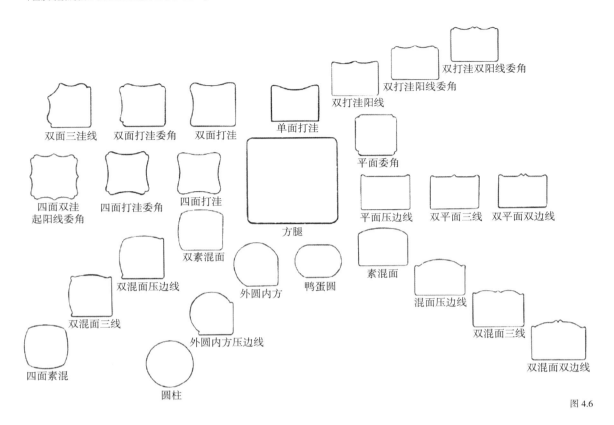

双面三洼线　双面打洼委角　双面打洼　　单面打洼　　双打洼阳线委角　双打洼双阳线委角

双打洼阳线

平面委角

四面双洼起阳线委角　四面打洼委角　四面打洼　　方腿　　平面压边线　双平面三线　双平面双边线

双素混面

双混面压边线　　　　素混面

鸭蛋圆

双混面三线　　外圆内方　　混面压边线

外圆内方压边线　　　　双混面三线

四面素混　　　　　　　　双混面双边线

圆柱

图 4.6

线脚的处理可以将简单构件的家具变得细节丰富，也可以把造型复杂的家具处理得简洁干净。如图 4.7 为两件平头案，左侧一件没有用任何线脚处理的方法简单干净，而右侧一件案面冰盘沿做三层曲线处理，腿足截面做打洼委角的线脚处理，侧面的梯子枨亦做打洼委角的线脚处理，形成了细腻精巧的艺术效果。这两件平头案因为线脚处理的方式不同，产生了截然不同的艺术效果。

• 图 4.6　腿足截面的线脚变化（笔者绘制）
• 图 4.7　未做线脚处理的平头案（费城艺术博物馆藏）和做丰富线脚处理的平头案（故宫博物院藏）

图 4.7

第三节
结构因素

中国传统家具的结构和造型是一个有机体的两个重要部分，紧密结合，不可分割，既有结构美，又有造型美。承担结构承受重量的结构构件，也必要精简精致；表现造型的部件，也分担着结构的功能，并无赘余。

1. 竖向支撑、横向承托的主体受力结构

竖向支撑，横向承托，形成家具的主体受力结构（见图 4.8）。中国传统家具受中国传统建筑的影响，因袭梁柱式结构，以立木作支柱为腿，相当于中国古建的柱，以横木作连接为枨，相当于中国古建的梁和枋，腿枨之间使用榫卯连接。为保证腿和枨稳定坚固，使用了牙子固定其间，受力并传递力，保证木构件的稳定坚实。中国古建使用梁和柱搭建整体空间，使用枋和雀替稳定加固空间，中国传统家具则使用腿和枨子搭建空间，使用牙子稳定加固空间。

牙子和枨子是中国传统家具竖向支撑、横向承托主体结构基础上的标准加固件。牙子和枨子是中国传统家具重要的构件，将结构和造型合为一体。牙子和枨子不仅是中国传统家具重要的结构构件，也承担了造型细节的修饰，这两个构件丰富的细节变化，使中国传统家具产生了丰富的造型变化样式。

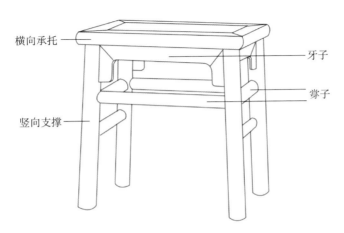

横向承托　牙子　枨子　竖向支撑

• 图 4.8　明式机凳的受力示意（笔者绘制）

图 4.8

2. 中国传统家具的榫卯

中国传统家具造型变化丰富，各个构件之间使用的榫卯却是有本有则的。常用的榫卯主要有如下几类：攒边做法主要使用龙凤榫和格角榫；梁柱式家具面与腿足连接主要有长短榫、夹头榫、插肩榫、裹腿枨；束腰式家具面与腿连接主要有用长短榫、抱肩榫、挂榫齐牙条、霸王枨；四面平家具主要有综角榫和霸王枨；家具线材的连接主要使用楔钉榫、齐头碰、格肩榫、斜角榫接、挖烟袋锅做法、裹腿枨，三枨相接等。

1）家具面板上的榫卯

家具中的面材一般不使用独板，而使用榫卯构成的攒边做法（见图 4.9）拼成面材，主要榫卯有龙凤榫和格角榫。攒边做法的芯板采用龙凤榫相接的薄板拼成，龙凤榫是指一边薄板出燕尾形榫头，另一边薄板出燕尾形的卯眼，两薄板凹凸相接成宽板。边框有两条长的大边和两条短的抹头组成，大边和抹头之间采用格角榫连接。芯板出边簧与边框相接，再加穿带将薄板和边框连接起来以加固，最终形成攒边做法的面材。面材主要用于家具的桌面、柜门、座面、柜板等部位。攒边做法主要起到抵消木材之间的应力，使面材不变形的作用，还可以将木材不美观的断面藏于榫卯之间，它是明式家具富有创造性的面材攒接方法。

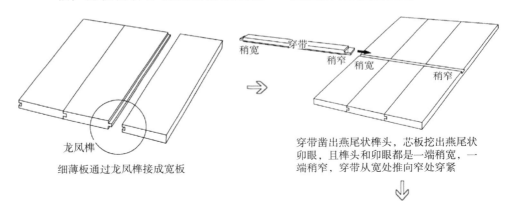

龙凤榫

细薄板通过龙凤榫接成宽板

穿带凿出燕尾状榫头，芯板挖出燕尾状卯眼，且榫头和卯眼都是一端稍宽，一端稍窄，穿带从宽处推向窄处穿紧

• 图 4.9 攒边做法中的榫卯（笔者绘制）

攒边做法既可以使木板之间的应力相互抵消，不易变形，又可以将木板不美观的截面纹理隐藏于攒边之内

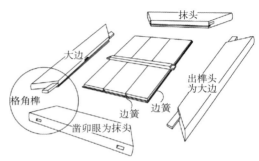

大边和抹头攒成边框，与芯板榫接，穿带亦出榫头与大边榫接

图 4.9

2）梁柱式家具上的榫卯

梁柱式家具的面和腿足连接，一般使用长短榫、夹头榫和插肩榫。梁柱式家具的腿使用长短榫与面直接相接，即腿上部出一长一短两榫头，面下凿一长一短两卯眼，两两相接。梁柱式家具的腿与牙子的连接使用夹头榫和插肩榫。夹头榫即腿上部凿穿通的卯眼，将牙子夹住，再与家具面

以长短榫连接。长短榫与夹头榫结合使用，形成梁柱式家具的面和腿足的连接方式（见图 4.10）。

在剑腿案上，腿与牙子以插肩榫连接，再与面以长短榫连接。即腿上部削出斜肩，牙子亦削出相应的槽口，腿向上夹住牙子，与牙子斜肩相交。然后，腿向上出长短榫与面相接（见图 4.11）。

• 图 4.10　梁柱式家具中的长短榫和夹头榫（笔者绘制）
• 图 4.11　剑腿案上的长短榫和插肩榫（笔者绘制）

图 4.10

图 4.11

3）束腰式家具上的榫卯

束腰式家具的面和腿足连接，一般使用长短榫、抱肩榫和挂榫。束腰式家具的腿上接束腰，腿与面以长短榫连接，即腿上部出一长一短两个榫头，家具面下相应凿一长一短两个卯眼，两两相接，较相同长短的两榫卯相接更稳固（见图4.12）。

抱肩榫与挂榫联合使用，连接束腰式家具的腿和面。即腿上部切出45°斜肩，并凿出三角形的卯眼，相应的牙子亦作45°的斜肩，并凿出三角形的榫头，斜肩和三角形榫卯相扣。然后，腿上部出长短榫与面相接（见图4.13）。

• 图4.12　束腰式桌上的长短榫（笔者绘制）
• 图4.13　束腰式家具中的抱肩榫和挂榫（笔者绘制）

大边和抹头底面承接长短榫的卯眼

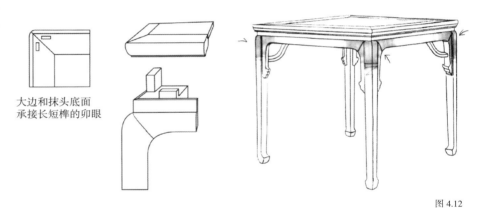

图4.12

桌面

牙板　牙板正面
牙板背面
腿

挂榫榫槽
由上至下推下
挂榫榫头

长短榫与桌面榫接

图4.13

在腿上部雕兽面的束腰式家具中，抱肩榫会出现破坏雕刻兽面的弊端，于是使用齐牙条的做法来弥补抱肩榫。做法是腿上部不削斜肩，而是保留雕刻兽面的木材完整，直接切竖直凿卯眼，与牙条上榫头相接（见图 4.14）。

在束腰式家具中，常使用霸王枨来连接腿和面，以加强面与腿的连接。霸王枨呈 S 形，上部与桌面下的穿带连接，霸王枨上端与穿带连接使用销钉连接固定，下部与腿足上部以勾挂榫连接（见图 4.15）。

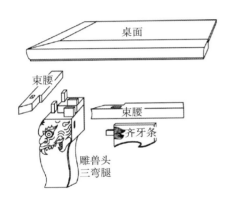

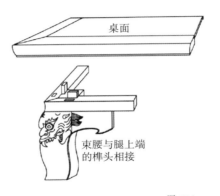

• 图 4.14 雕兽面的束腰式家具的齐牙条做法（笔者绘制）
• 图 4.15 霸王枨和勾挂榫（笔者绘制）

图 4.14

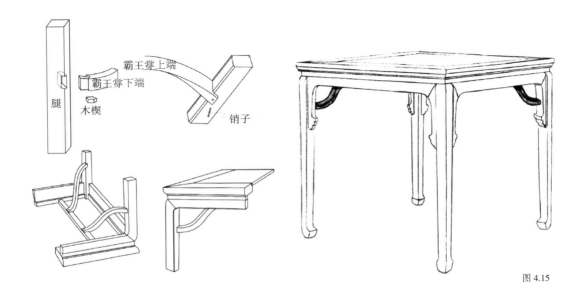

图 4.15

4）四面平家具上的榫卯

四面平家具的面和腿足之间，采用综角榫连接。综角榫是在格角榫的基础之上，再连接竖向腿足的榫卯。做法是在格角榫的基础上切出斜肩，与腿上部切出的斜肩相接，并在斜肩之上使用长短榫连接，即在腿上部做一长一短两榫头，在格角榫部分凿出一长一短两卯眼（见图 4.16）。

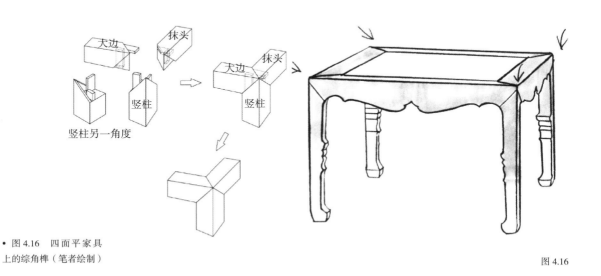

• 图 4.16　四面平家具
上的综角榫（笔者绘制）

图 4.16

5）家具线材连接使用的榫卯

线材之间的连接，主要有线材的延长连接、T 形连接、L 形连接、X 形连接等。

线材的延长连接主要采用楔钉榫。楔钉榫用来连接两段弧形弯材，主要用于圈椅的椅圈、圆形香几的几面和托泥。做法是楔钉榫两弯材头部各截去一半，上下搭合，所留半边各出榫头和卯眼，两相扣合。再在两弯材连接处中部凿方孔，一头略窄，一头略宽，将方形楔钉穿过方孔（见图 4.17）。

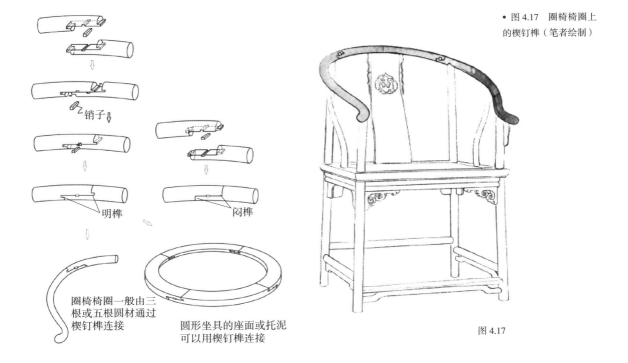

• 图 4.17　圈椅椅圈上的楔钉榫（笔者绘制）

销子

明榫

闷榫

圈椅椅圈一般由三根或五根圆材通过楔钉榫连接

圆形坐具的座面或托泥可以用楔钉榫连接

图 4.17

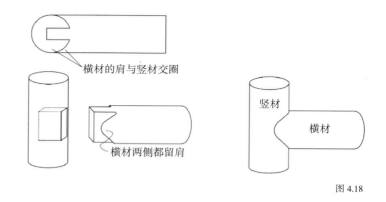

图 4.18

线材的 T 形连接，主要有圆材的 T 形连接、方材的 T 形连接。

圆材的 T 形连接根据两圆材直径的不同，处理细节不同。直径相同的两圆材，横材两侧都留肩（见图 4.18）。两圆材直径不同时，一种做法是横材两侧都留肩（见图 4.19），一种做法是横材一侧不留肩，另一侧与竖材交圈（见图 4.20）。

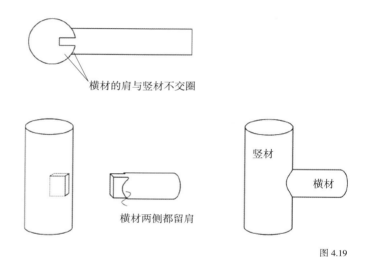

图 4.19

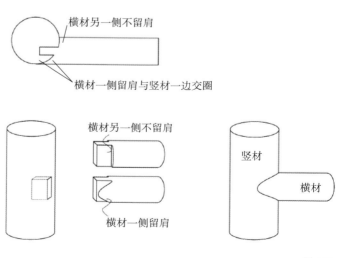

图 4.20

• 图 4.18　直径相同的两圆材 T 形连接榫卯做法（笔者绘制）
• 图 4.19　直径不同的两圆材 T 形连接榫卯做法一：横材两侧都留肩（笔者绘制）
• 图 4.20　直径不同的两圆材 T 形连接榫卯做法二：横材一侧留肩一侧与竖材交圈（笔者绘制）

　　方材的 T 形连接，主要有齐头碰和格肩榫。

　　齐头碰的做法是横材直接出榫头，与竖向线材的卯眼连接。齐头碰榫卯在方材的 T 形连接中非常常见，在榫卯细节处理上也有多种变化（见图 4.21）。如齐头碰"大进小出"的做法（见图 4.22），是针对正侧两横枨交于竖枨一点，为减少过多榫眼，保证接榫处的坚固而进行合理避让的处理方法。

　　格肩榫与齐头碰的不同之处在于多出格肩部分与竖材连接。格肩榫又根据格肩的细节不同分为大格肩做法、小格肩做法（见图 4.23）。

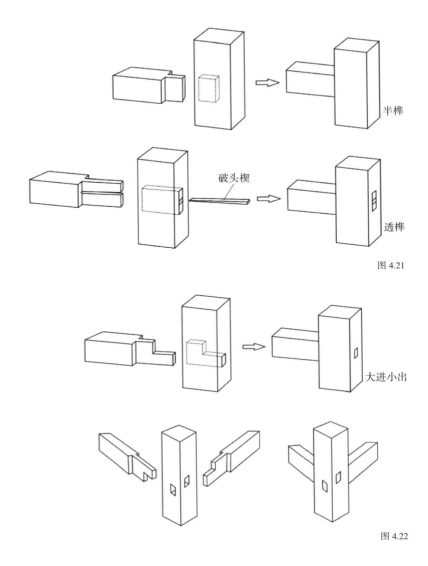

半榫

破头楔

透榫

图 4.21

大进小出

图 4.22

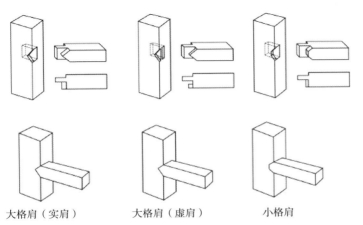

大格肩（实肩）　　　大格肩（虚肩）　　　小格肩

图 4.23

- 图 4.21　齐头碰半榫和透榫的做法（笔者绘制）
- 图 4.22　齐头碰"大进小出"的做法（笔者绘制）
- 图 4.23　格肩榫的做法（笔者绘制）

线材的 L 形连接主要有裹腿枨、斜角榫接和挖烟袋锅做法。

裹腿枨是圆包圆家具正侧两横枨相交于腿部使用的榫卯，是受竹家具煨烤弯曲的形状启发而来。做法是正侧两横枨垂直相接，各出榫头插入腿足上的卯眼。两枨子所出榫头或同长相抵，或一长一短相抵（见图 4.24）。

线材的 L 形连接还出现在南官帽椅的搭脑、扶手与竖材的连接处。一种做法是横材与竖材 45° 角榫接（见图 4.25）；另一种做法是横材出圆弧转向下方，与竖材榫接，工匠称其为"挖烟袋锅"做法（见图 4.26）。

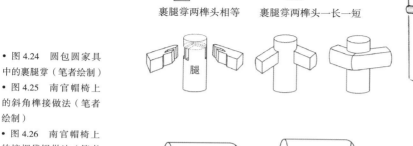

裹腿枨两榫头相等　裹腿枨两榫头一长一短

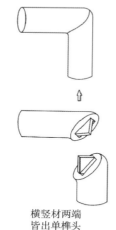

腿

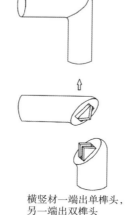

• 图 4.24　圆包圆家具中的裹腿枨（笔者绘制）
• 图 4.25　南官帽椅上的斜角榫接做法（笔者绘制）
• 图 4.26　南官帽椅上的挖烟袋锅做法（笔者绘制）

图 4.24

横竖材两端
皆出单榫头

横竖材一端出单榫头，
另一端出双榫头

图 4.25

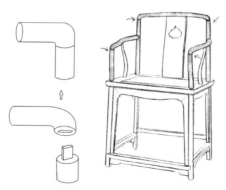

图 4.26

第四节
人因因素——"健康高于舒适"的理念

中国传统家具靠背椅的靠背是变化丰富的曲线艺术，主要由搭脑、靠背和支撑杆组成。搭脑主要承托后脑勺，靠背支撑人体脊柱，支撑杆则连接搭脑和座面，一般为后腿上延一体形成。靠背的造型十分简单，只是一块长板，轮廓曲线主要有直线、C形曲线和S形曲线，但细节变化又是微妙的，曲线的舒缓迂回，全在毫厘之间揣摩。没有一件座椅的靠背曲线是一样的，因为每一件座椅的尺度都是不同的，使用者坐于其上，全靠各种尺度微调来把握全局的舒适性，靠背曲线也要进行微妙调整以满足使用者倚靠靠背的舒适需求。

人体的脊柱是自然舒缓的S型曲线，主要由7节颈椎、12节胸椎、5节腰椎、骶骨以及尾骨组成。这些骨节之间由软骨组织和韧带连接，通过脊柱的曲线变化，使人体得以完成复杂的屈伸活动。从人体的侧面观察，脊柱呈自然弯曲的状态，上端颈椎向前凸起，胸椎向后凹进，到了腰椎又向前凸出，骶椎再向后凹进，形成了颈曲、胸曲、腰曲和骶曲四个自然的生理性弯曲。人体的行走、坐卧不同，脊柱的弯曲曲线也随之不同。当人体受力时，脊柱会通过曲线弯曲变化以受力，使人体找到更舒适的姿势。人在舒适站立的时候，人体脊柱处于最自然的弯曲状态，当人体处于坐姿的时候，脊柱会受到挤压，呈现非自然弯曲状态，时间长了就会出现疲惫感。

在脊柱的五大部分中，颈椎、第3~4块胸椎和第4~5块腰椎是最经常受力并易产生疲惫的部分。在座椅设计中，这三个部分是设计座椅靠背最关键的给力支撑部位，这三个部分处理好，座椅坐起来就会更加舒适自如。S形靠背与人体的脊柱曲线相合，在人们后仰倚靠靠背的过程中，为人体提供腰椎、胸椎和颈椎三部分的支撑（见图4.27），能够有效减少椎间盘内压力，并放松肌肉，达到舒适状态。其中S形靠背下部外凸的曲线主要支撑腰椎，称为腰靠，特别是第4~5腰椎之间的支撑是最舒适的腰部支撑。S形靠背上部内凹的曲线主要支撑胸椎，称为肩靠，特别是第3~4节胸椎之间的支撑是最舒适的肩部支撑。靠背之上还设有搭脑，主要支撑颈部和头部。

中国人以中医养人，以人体经络行气血，讲究调和，通过对穴位的按摩或刺激，调节身体器官的状态。家具是人们日常使用最频繁的器物，使用者在使用家具的过程中，将一些中医角度的养生哲学运用到家具的设计中，在使用家具的过程中从中医经络学的角度对穴位进行按摩，从而达到养生、诊疗的目的。中国传统家具在设计制作的时候能考虑人体的健康和舒适，博大精深的中医理论是中国传统家具尺度考虑的重要参考依据。

扶手椅的扶手用来承搭手臂，手则自然地伸向前方，搭在扶手前沿。人坐于座椅之上，手臂搭在扶手上，手会自然地小范围活动，中国聪慧的工匠敏锐地发现了这一细节，巧妙地设计了圆润的扶手前沿，且曲线游走至此，趁势外转，方便了手部摩挲圆润的扶手外沿，手部的穴位在不经意间得到按摩与接触（见图4.28）。

中国传统椅子靠近脚部专门设有搭脚的踏脚枨，为使用者提供了两种放脚方式，一种是可以垂足落地，另一种是可以踩在踏脚枨上。因为长期使用，踏脚枨多有磨损，更加光滑圆润，褪去鞋袜，可以为脚底按摩，舒筋活血，养生健康。

更讲究的做法是独立于椅子之外，单独做一个脚踏，亦称承足。一般较高等级的宝座、床榻、座椅都会配有专门的脚踏成套搭配。常规的脚踏仅离地面数寸，方便承托脚，踏面或为实板，或为藤编，或更讲究按摩的，在踏面上安装滚轴，脚可以踩着滚轴滚动旋转，按摩穴位（见图4.29）。文震亨《长物志》载："脚凳以木制滚凳，长二尺，阔六寸，高如例程，中分一铛，内二空，中车圆木二根，两头留轴转动，以脚端轴，滚动往来，盖涌泉穴精气所生，以运动为妙。"道出了滚凳依靠中医经络来养生保健的初衷。

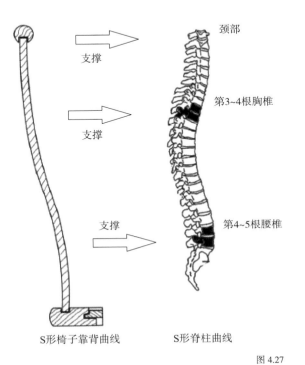

图 4.27

图 4.28

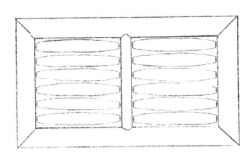

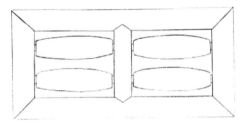

图 4.29

第五节
材料因素——材美而坚的用材观

《考工记》载："天有时，地有气，材有美，工有巧，合此四者，然后可以为良。"体现了中国古人讲究天时地利人和、天人合一的朴素的自然观，材美、工巧是在大自然之下人们可以把握的方面，对材料的选择和使用更是遵循着尊重自然、与自然和谐共处的原则。中国自古喜用木材建造房屋和打造家具，主要因为中国古代森林资源丰富，木种繁多，且木材比石材更易于加工制作。通过古代工匠巧妙的结构处理，使得木材的承重和抗压能力丝毫不弱于钢材或混凝土，木制品基本承担了中国古代生活起居器具的半边天。中国古典家具用材都是实木，使用木材制作家具，这点与中国古典建筑有共通之处。木材种类繁多，木材的产地、数量、成材年限、成材率、木性等物理因素造成了木材的多寡和质量的差异。

木材是迄今世界上少数真正可再生的材料，是可再利用、可循环利用的材料，是可持续的资源。木材是自然的一部分，是连接人和自然的天然材料，是亲和力强、极有人性的材料。只要科学管理，木材是一种取之不尽、用之不竭的材料，而且更重要的是，树木的生长过程是从大气中吸收二氧化碳，放出氧气的过程，是最绿色的生产过程。而除木材之外的其他人工材料，都是需要进行再加工处理的，这一过程，可能需要耗费大量的能源，不仅要排放二氧化碳，还需要排放污水、废气和废渣等，对环境造成负担。木材在使用之后，可二次利用，即使抛弃处理，也不会对环境造成不利的影响，而其他部分人工材料废弃后则面临着难以降解的窘况。

中国传统家具使用的主要材料为实木，又有硬木和柴木之分。

硬木主要生长于热带与亚热带地区，生长周期长，分子密实稳定，制作家具后产生物理变形较小，从而保证家具的稳定与坚固。生长周期越长的木材，分子结构就越密实，越稳定，所以硬木要比柴木有更稳定的物理属性，更适合制作家具。硬木材料大多质地坚实，木性稳定，色泽温润，纹理优美。柴木则生长于中国各个地区，生长周期短，分子结构没有硬木那么密实，有较大的物理应力，容易变形。

中国古代普通百姓制作家具通常就地取材，使用当地生长普遍的木种，也就是普通的柴木材料。中国地大物博，不同地区适宜生长不同的木种，如山东盛产榆木，山西盛产核桃木，苏州盛产榉木，南通盛产柞榛木，云南多楠木，福建多鸡翅木，广东多铁梨木（见图4.30）等。相应地，地区家具也用当地盛产的木材来制作，地区家具有明显的特点，如山西的核桃木家具、苏州的榉木家具、南通的柞榛木家具等。

中国传统家具不少经典之作都是使用硬木，特别是使用珍贵的黄花梨、紫檀等木材制作而成。

硬木家具表面一般不髹漆，只是使用蜂蜡或清漆稍作处理，这样一来，将硬木自身的色泽、纹理很好地展现出来。硬木因为生长周期长、出材率低、数量稀少，所以价格昂贵，只有统治阶级、富贾贵胄才能使用。中国古代用于制作家具的硬木主要有紫檀、黄花梨、花梨和红木等（见图4.31）。

硬木产自珍贵的热带雨林，数量稀少、生长缓慢、出材率低，因为中国传统家具制作对硬木的需求导致热带和亚热带雨林严重的毁坏，这是对自然环境的破坏。因此，生长周期短、成材快的非硬木木材，值得更广泛地应用到家具设计中。对木材的采伐可以参考国际组织森林管理委员会（FSC）认证的标准。森林管理委员会是被全世界认可的世界性的非政府组织，其目标是通过促进环境友好、社会和谐和经济的有效管理来实现森林的可持续发展，包括森林经营认证（FM）和产销监管链认证（COC）。

• 图 4.30 榆木、核桃木、榉木和楠木木纹（笔者摄）
• 图 4.31 紫檀、黄花梨、花梨和红木木纹（笔者摄）

   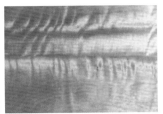

图 4.30

图 4.31

05

第五章
中国传统家具个例的设计灵感与现代创新

第五章

中国传统家具个例的设计灵感与现代创新

第一节
鼓　墩

鼓墩即鼓形坐墩，是造型模仿等口凸腹的木腔鼓制作的坐墩。

鼓墩发展到明清时期，已经形成成熟的造型样式，其主要特点为以下三点。

1. 座面足部为圆形或类圆形

鼓墩首先是墩，是坐具的一种，所以上部为平顶座面，座面与足部形状面积相同，皆为圆形或类圆形（除圆形以外，还有海棠形、梅花形、瓜棱形、椭圆形等），在形态上与圆形的鼓面类似。

2. 平顶凸腹的木腔鼓造型

鼓墩在造型上与传统的木腔鼓造型相似，上下窄中间宽，形成圆润的外凸曲线，形似于木腔鼓的鼓身。

3. 看面上下做弦纹或鼓钉

传统木腔鼓的鼓面是由皮革蒙住，边缘用钉紧钉在鼓身。鼓墩忠实地模仿了传统木腔鼓的这一细节，大多鼓墩在靠近座面和足部的墩壁都有几道弦纹和鼓钉。

鼓墩造型在古人的画卷和插图中多有表现。清初《雍亲王题书堂深居图》（也称《十二美人图》）描绘了清宫美人华贵悠闲的生活场景，是清初宫廷生活环境的生动写照。图中对宫廷家具陈设多费笔墨，件件家具器物多精描细酌，其中《品茗》（见图 5.1）和《读书》（见图 5.2）两幅中有对鼓墩的描绘。在《品茗》一幅中，美人一手持杯，一手执扇，坐于庭院假山旁的蓝地彩绘鼓墩上。鼓墩体型纤细修长，从颜色看应是瓷制品，整件鼓墩蓝地，釉上添红、绿等彩料，上下各有一圈鼓钉。《读书》一幅中，美人靠在实木方桌旁，坐于彩绘鼓墩上，鼓墩上还铺了一块青色锦绣包袱，鼓墩弦纹、鼓钉和开光阳线清晰可见。这两件鼓墩体型都纤长瘦削，清韵十足，是典型的清代鼓墩的造型。

在鼓墩的造型中，开光式是比较常见的造型样式。开光原是佛教用语，后来成为器物的装饰手法之一，指在器物上留出特定形状的空间，以增加器物的空间感。开光在建筑、家具中多有使用，或表现造型，或组成结构，或实现功能，或作局部装饰。鼓墩中的开光设计大约是受到藤墩的影响。北宋画家苏汉臣所绘《秋庭戏婴图》（见图5.3）中细绘了一对大漆七开光鼓墩，漆饰表面描绘花卉纹，墩下云纹小足也清晰可见。此对鼓墩面阔敦实，用材纤巧不拙厚，造型浑圆剔透。

- 图5.1 《雍亲王题书堂深居图·品茗》（故宫博物院藏）
- 图5.2 《雍亲王题书堂深居图·读书》（故宫博物院藏）
- 图5.3 北宋苏汉臣《秋庭戏婴图》（局部）（台北"故宫博物院"藏）

图 5.1

图 5.2

图 5.3

鼓墩还有一种仿藤墩样式。仿藤墩式是指鼓墩的样式仿照藤墩的造型，形象地表现出藤条编织成圆藤并相互连接成墩的造型，多在鼓墩腰身处表现编织藤条纹。仿藤墩式鼓墩在木质、石质以及瓷质鼓墩中都有实例（见图5.4）。

图5.5中的两件鼓墩，一件为五腿，一件为四腿，其他的造型处理方法、造型元素、比例尺度、结构处理都颇为相似。圆形座面下，雕圆形鼓钉和弦纹各一圈，模仿鼓的细节。四腿和五腿之间，上下皆做直牙条，且边缘起阳线，勾勒轮廓。四腿和五腿之下再雕圆形鼓钉和弦纹各一圈。腿之下各接龟足，以抬高托泥，避免潮湿。而因为四腿和五腿之别，导致两鼓墩造型区别较为明显。

图5.6中的鼓墩与图5.5中的四腿鼓墩，两件鼓墩的造型处理方法、造型元素、比例尺度、结构处理都颇为相似。圆形座面下，雕圆形鼓钉和弦纹各一圈，模仿鼓的细节。座面之下接四腿，不同之处是，两腿之间、上下连接的牙条处理方式不同，一件做洼堂肚牙条，一件做直牙条，两腿之间的空间截然不同。腿之下各接龟足，以抬高托泥，避免潮湿。

图5.4

图5.5

图5.6

• 图5.4　仿藤鼓墩（故宫博物院藏）
• 图5.5　两件鼓墩比较（《明式家具珍赏》和《明式家具研究》）
• 图5.6　黄花梨四开光鼓墩（《明式家具萃珍》）

2006 年在德国科隆国际家具展览中，意大利家具品牌 MOROSO 展出了设计师 Von Robinson 设计的家具 Oblio Stool，它的造型是一个圆球体表面切出六个圆形空间，在其中一个覆盖弧形面成座面，将其在球体上相对的另一面放在地面，就形成了一件玲珑八面的坐凳了（见图 5.7）。这件 Oblio Stool 是由复合塑料和中密度纤维板组成，是一件典型的现代家具的成功力作，是一件纯粹的"洋家具"。

• 图 5.7 意大利家具 Oblio Stool
（图片来源：http://www.moroso.it）

图 5.7

我们在仔细揣摩端详 Oblio Stool 的造型发现，它与中国传统坐具鼓墩有着异曲同工之妙，它有着与鼓墩相同的圆身，切出的圆形空间也与传统鼓墩的开光相似。图 5.8 是明西湖居室撰《明月环》第三十一出《调嫌》插图（明崇祯年间刊本），在院落阔面大石桌旁摆着一对圆形鼓墩，插图并未对鼓墩仔细勾勒，而是用简洁洗练的线条概括出来。而如此洗练的造型竟与意大利设计师设计的这件 Oblio Stool 形神相若。Oblio Stool 这件作品应该给研究中国传统家具和致力于现代家具设计的设计师很好的启发。

图 5.9 和图 5.10 是一名来自西班牙的留学生，在笔者的指导下以鼓墩为原型进行的家具设计实践，他是受中国传统鼓墩造型启发进行的设计，并亲自到传统家具厂参与了模型制作。

　　鼓墩作为中国传统家具的一部分，以点及面，传统家具为现代家具设计提供了丰富的创作源泉。

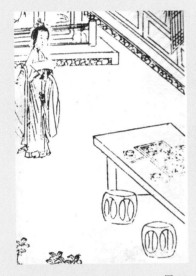

图 5.8

图 5.9

• 图 5.8　明西湖居室撰《明月环》第三十一出《调嫌》插图（《中国古籍插画精鉴》）
• 图 5.9　西班牙留学生设计的家具 1
• 图 5.10　西班牙留学生设计的家具 2

图 5.10

第二节
香 几

几是中国古代有一定高度、用于承托的家具，按使用功能来分，有琴几、花几、茶几和香几等。

香几，顾名思义，是摆香炉焚香之用，袅袅青烟婉转生姿于亭亭香几之上，别有一番氛围。香几，最早是用于祭祀仪式上焚香祈祷，后来慢慢演变成文人雅士厅堂、书房中的重要角色，焚香操琴、焚香读书、焚香听雨、焚香赏月，凡此种种，与琴棋书画相关的风雅之事都会焚香以烘托气氛。明代文人、书画大家陈继儒有云："净一室，置一几，陈几种快意书，放一本旧法帖，古鼎焚香，素麈挥尘。"可见文人大儒对净几焚香仪式感的重视。中国古代文人多把香几置于书房、厅堂、廊苑或卧室，以书房、会客室居多（见图5.11和图5.12）。香几置于居室一角，上承香炉以焚香，或祭拜、或祈愿、或净室，也有在香几之上摆放花瓶、奇石等文玩之属。

香几几面可圆可方可异形，造型变化丰富。圆香几是最常见的香几，圆香几有二腿、三腿、四腿、五腿、六腿，随造型而变。二足香几偶见个例，三足香几也较为少见，因为腿间阔度过大，对整件香几造型要求极高，即要从各个不同角度都有美感（见图5.13）。四腿圆香几也不多见，最多见的是五腿香几。对于高挑修长的香几，五腿圆香几的造型、比例、尺度是最好表现的（见图5.14和图5.15）。方香几可为正方，可为长方，也是修长型。方香几为四腿，分别安于方形几面四角之下（见图5.16）。方香几因为体形方正，所用腿足也多为修长的直腿，少做弯曲处理。也有不少异形几面的香几，如海棠形几面、梅花形几面、菊瓣形几面等，香几腿足的数量随着几面形状不同多有变换，一般为五腿。

香几可简可繁，简洁到只有几面和腿足，繁复到每一个香几构件都满雕或作其他装饰。无论繁简，香几多做高挑修长的比例，腿足也较为纤细，此为香几的特有气质。

图 5.11

图 5.12

图 5.13

此香几几面圆形，几面下高束腰，束腰下、腿上部和牙子彭出，三弯腿先彭出，再内收，最后向外翻出。因为是三腿，两腿之间的空间就较为宽阔，牙子受腿的影响，向外彭出的距离也较大。从不同角度，此件三足香几给人不同的视觉感受。

此香几几面圆形，几面下高束腰，束腰之下连接五腿和壶门式牙子，腿曲线劲挺有力，整体内收，于末端略外翻出球。壶门牙子和相接的两腿形成优雅的空间，使得整件香几空灵剔透，尽显五腿修长劲挺的曲线。五腿之下接托泥。

- 图 5.11　明天启版《醒世恒言》插图中的花几
- 图 5.12　明万历《北宫词纪》插图中的香几
- 图 5.13　黄花梨三足香几（《明式家具珍赏》）
- 图 5.14　黄花梨五腿香几（《明式家具萃珍》）

图 5.14

此香几几面梅花五瓣式，几面下安束腰，束腰上也依几面安五矮老分作五段，两段之间挖海棠式开光。束腰下接五腿，五腿的位置正好在五矮老之下。五腿成优雅的S形曲线，于末端外翻出卷叶，向上延伸。五腿之下安底座式托泥。此底座与几面做法相似，梅花式，有束腰，与几面相呼应。

图 5.15

• 图 5.15　朱漆梅花式香几（故宫博物院藏）
• 图 5.16　黄花梨长方香几（《永恒的明式家具》）

此香几体形较大，几面长方形，几面下接束腰，束腰之下安窄长的直牙条和修长的直腿。直牙条、四腿和束腰皆使用纤细的构件，搭建出整件香几。此香几设计独特之处是体形较大的香几，却搭配了修长纤细的四腿。

图 5.16

　　在现代居室生活里，焚香一事近乎消失，但是香几功能转换一下，可以参考古代文人另作他用的经验，用来摆放盆花、文玩、古董、相册之类。这样，香几的古代功能可以自然地转换成现代功能。古代香几摆放不占居室主要位置，而让其位于桌案椅凳，一般处于辅助位置。香几一般为圆形，少数为方形或长方形，主要考虑摆放的香炉也为圆形，焚香没有方位的限制，香几上怎么摆放香炉，都是正确的角度。在现代居室生活中，也是以沙发茶几、桌案椅子为主要陈设中心，其他家具为辅助。香几陈设于现代居室空间中，也是以辅助的功能存在的，摆放于玄关、沙发一角、桌案一侧的位置，以示主次分明。

　　国内设计品牌"素元"的无猜花几（见图5.17和图5.18），就是从中国传统香几获得灵感进行的设计。此花几使用横竖圆形构件搭建出修长的简洁花几，几面略小，托泥略大，形成上小下大的稳定感。几面、托泥和四腿的连接使用素元品牌常见的浑圆的造型元素。整件花几极简无饰，凸显出修长纤细的四腿，形成空灵的空间感。

• 图 5.17　无 猜 花 几
（素元品牌）
• 图 5.18　无猜花几的
室内展示（素元品牌）

图 5.17

图 5.18

国内设计品牌"半木"清风花架，是从中国传统香几获得灵感进行的设计（见图 5.19 和图 5.20）。方形花架，体形修长，此花架独具创意地把四腿做倾斜处理，腿的上端与面一角相接，腿的下端与下面托泥临近的一角相接，形成一个倾斜的角度。从特定角度看去，四腿像交错在一起，不同角度有不同的视觉感受。花架面与托泥，托泥与腿连接之处，安装扇形构件，以增加坚固。

• 图 5.19　清风花架
（半木品牌）
• 图 5.20　清风花架的
室内展示（半木品牌）

图 5.19

图 5.20

第三节
花架、盆架的多枨连接

中国传统家具中，线材的 X 形连接，主要有十字枨、多枨相接等。这些基本的榫卯结构都有基础的结构做法，但针对不同的家具制作，会根据需要进行适当变化，以满足不同家具的结构需求（见图 5.21~图 5.29）。

- 图 5.21 明万历《琵琶记》插图中的琴架和鼓架交叉结构
- 图 5.22 明万历《新刻出像点板吕真人梦境记》插图中的鼓架交叉结构

图 5.21

图 5.22

此三腿凳三腿各出一横撑，撑与撑之间交错连接，在三撑之间形成正三角形，两撑之间连接使用透榫连接，增加坚固。三撑之间的交错连接形成几何韵律，颇具美感。

图 5.23

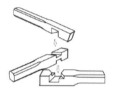

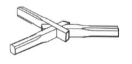

此三腿凳三腿各出一横撑，三撑交于正中间，三撑叠置于交叉处，三撑各削去三分之二，上下叠置，形成与撑等厚的交叉拼接，三撑再各出小头。

图 5.24

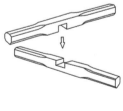

十字撑是机凳、桌案相对的腿足上设横撑，两横撑十字拼接。此火盆架采用十字撑，十字撑不同于中国传统家具相邻两腿间加撑的做法，而是在相对两腿之间加横撑，两撑交于正中间。两撑相接之处，各削去一半，然后上下扣合在一起。

图 5.25

- 图 5.23　三腿凳结构 1
- 图 5.24　三腿凳结构 2
- 图 5.25　黄花梨十字撑火盆架（《明式家具萃珍》）

也有一些家具的多枨连接不是接在一个点上，而是分开两两相接，形成独特的结构和造型。此脸盆架五腿，各腿各出一横枨，略做倾斜，与相邻的横枨榫接，形成两两相接的结构，中间形成五边形的花形，造型与结构相融合一。

图 5.26

中国传统脸盆架一般都是六足，相对的腿间设枨，成三枨相交的榫卯。做法与十字枨相似，只是三枨相交出，各枨各去掉三分之二的部分，三枨相接。

此脸盆架六足，相对两腿之间出枨，三枨接于中间。三枨相接之处，各削去厚度的三分之二，上下扣合而成，形成与原枨相等的厚度。

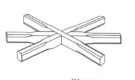

图 5.27

• 图 5.26　黄花梨脸盆架 1（《明式家具萃珍》）
• 图 5.27　黄花梨脸盆架 2（《明式家具萃珍》）

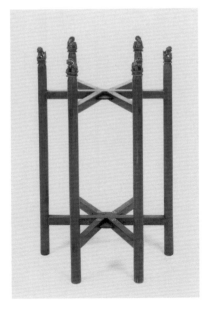

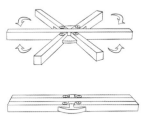

此脸盆架六腿，与图 5.27 中固定结构不同，此结构是可折叠的。其中相对两腿之间安横枨，横枨正中安圆盘，并设四转轴，接另外四腿伸出的横枨。从四腿可以折叠至固定的两腿一侧，也可展开置于 60° 的固定位置，形成六腿对称的排列。

图 5.28

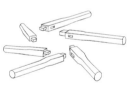

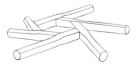

此脸盆架六腿，各腿各出一横枨，略做倾斜，与相邻的横枨榫接，形成两两相连的结构，中间形成六边形的花形，造型与结构相融合一。

图 5.29

• 图 5.28　黄花梨可折叠脸盆架（《永恒的明式家具》）
• 图 5.29　不可折叠六足脸盆架

图 5.30 中的几何坐凳是受中国传统花架、盆架的榫卯结构影响进行的设计创作。一套坐凳分为三足坐凳、四足坐凳、五足坐凳。每条腿各出座边、横掌，座边相互连接，组成几何形的座面，横掌相互连接，形成几何形的多掌连接。三腿坐凳组成三角形座面和三角形多掌连接，四腿坐凳组成正方形座面和正方形多掌连接，五腿坐凳组成五边形座面和五边形多掌连接，从而形成一套三件坐凳。

图 5.30

● 图 5.30　几何坐凳

　　因为此套几何坐凳全部是榫卯连接，所以使用者可以简单地组装，从而形成坚固结实的坐凳。因此，此设计的另一个亮点即在此，可以通过线材运输至家，使用者 DIY 组装的方式来完成家具的安装（见图5.31～ 图 5.33 ）。

• 图 5.31　三腿几何凳
的组装图示
• 图 5.32　四腿几何凳
的组装图示
• 图 5.33　五腿几何凳
的组装图示

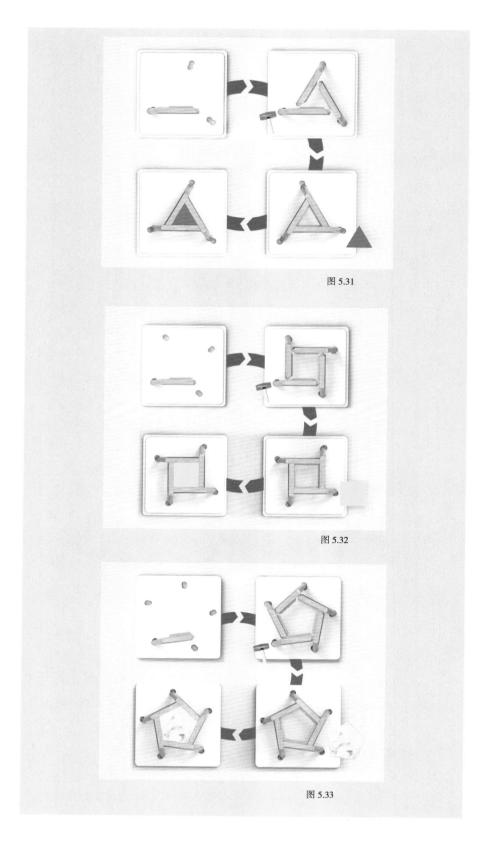

图 5.31

图 5.32

图 5.33

第四节
罗汉床

卧具是古人休憩睡眠用的家具。在中国古代，卧具有小憩和睡眠的不同功能。小憩是休息一会儿，和衣而睡，而睡眠则是脱衣而睡。如果是小憩，可以在榻、罗汉床上休息（见图 5.34 和图 5.35）。如果是脱衣而睡，则要睡在架子床和拔步床上。

- 图 5.34　明万历《孔圣家语图》插图中的榻
- 图 5.35　明万历《人镜阳秋》插图中的罗汉床

图 5.34

图 5.35

中国古代的榻、罗汉床，有造型简洁的，有装饰复杂的，都带有明显的中国风格，有不少在今天看来依然很有设计感（见图 5.36~ 图 5.39）。

图 5.36

此罗汉床三面围子，围子独板，光素无饰，显出围子优美的木材纹理。床面四面攒边，面心编席。床面下不接托泥，而是直接接内翻马蹄的方腿，两腿之间安直牙条，与简素的三面围子、直腿相呼应。整件家具简洁光素，没有多余的装饰细节，尽显素雅文质。

图 5.37

此罗汉床三面围子，围子独板，光素无饰，在围子拐角处做罗锅形处理。床面四面攒边，收束腰，束腰下安内翻马蹄四腿，腿间安壶门牙子，壶门曲线遒劲有力，壶门正中雕灵芝纹饰。壶门跃动活泼的曲线为此件罗汉床增加了活泼的趣味。

图 5.38

此罗汉床三面围子，围子攒斗成曲尺式，形成通透空间，舒朗有致。床面四面攒成，面心编席，下接束腰。束腰下连接内翻马蹄四腿，两腿之间安直牙条。此罗汉床座面下光素简洁，将视觉中心聚焦在座面之上，以凸显座面上攒斗围子的秀雅精巧。

图 5.39

此罗汉床三面围子，围子攒斗成福、寿字，形成通透空间。床面四面攒成，面心编席，下接束腰。束腰下接内翻马蹄四腿，两腿之间安直牙条。此罗汉床四腿直挺，座面下光素无饰，以凸显座面上攒斗精巧的三面围子。

- 图 5.36　黄花梨罗汉床 1（《永恒的明式家具》）
- 图 5.37　黄花梨罗汉床 2（故宫博物院藏）
- 图 5.38　黄花梨攒斗围子罗汉床 1（《明式家具萃珍》）
- 图 5.39　黄花梨攒斗围子罗汉床 2（《凿枘工巧中国古卧具》）

中国古人小憩所用榻、罗汉床，主要放置在书房、会客室。时空转换，在现代居室里，榻、罗汉床可以用在书房、起居室、客厅里，既可以当沙发使用，又可以躺下小憩。

国内设计品牌"素元"的如云长沙发榻（见图 5.40 和图 5.41），借鉴了中国传统罗汉床的造型，三面围子加软体靠垫做沙发的靠背，座面上装软体坐垫。座面下采用传统的四面平造型进行变化，榫卯结构所有创新，竖向直腿之间安横枨，以增加坚固。

图 5.40

图 5.41

• 图 5.40　如云长沙发（素元品牌）
• 图 5.41　如云长沙发的室内展示（素元品牌）

国内设计品牌"半木"的罗汉榻（见图5.42和图5.43），借鉴了中国传统罗汉床的造型，座面上三面软体围子，上摆靠垫，做靠背。座面上安软体软垫，增加舒适度。座面下做内弧四腿，与腿间的横枨相接。为增加坚固，两腿之间还增加竖向构件。腿下做托泥一圈。

• 图5.42 罗汉榻（半木品牌）
• 图5.43 罗汉榻的室内展示（半木品牌）

图 5.42

图 5.43

第五节
衣　架

中国古人有专门搭衣服的家具，即衣架。衣架一般置于卧房架子床旁边，在主人更衣睡眠的时候，供搭衣服。古人搭衣服，与现代人衣架挂衣服不同，是将广袖长袍搭在衣架的横枨之上，一般的衣架有多道横枨，可以搭长短不等的衣衫。在衣架下、两立柱之间一般有横枨连接，此部分离地较近，可以搭放鞋履。衣架一般设计得空灵，不挡视线，又能分隔空间（见图 5.44～图 5.47)。

图 5.44

图 5.45

• 图 5.44　明《重校荆钗记》插图中的衣架
• 图 5.45　　明天启版《西厢五剧》插图中的衣架

图 5.46

此衣架皆采用修长纤细的圆形构件搭建出衣架的造型，衣架搭脑在最上端，两端向外翻出灵芝纹。搭脑连接两根竖柱，竖柱下连接座墩。搭脑与竖柱连接处，外部安变体螭纹角牙，内部安罗锅曲线角牙。搭脑之下，两竖柱之间装中牌子，上攒斗冰裂纹。两竖柱之下、座墩之间安横竖材构成平面，可放鞋袜等衣物。此衣架造型秀雅俊逸，文气气质浓郁。

图 5.47

此衣架主要使用方材搭建出整个造型。搭脑在最上端，两侧外翻出卷草纹。搭脑下连接两竖柱，连接处里外部皆安角牙，以增加加固。两竖柱之间安中牌子，上以竖掌界出三绦环板，上透雕夔凤纹饰。两竖柱下部落在座墩之上，连接之处装站牙，以增加坚固。此衣架方正稳重，多以透雕、浮雕的手法装饰构件，显得精致秀雅。

• 图 5.46 黄花梨冰裂纹衣架
（《明式家具萃珍》）
• 图 5.47 黄花梨夔凤纹衣架
（《明式家具珍赏》）

国内设计品牌 PIY 的衣架（见图 5.48），使用简单的几根横竖材，通过拼接，组装成衣架。衣架采用折叠结构，两根折叠的构件截面各为半圆，折叠之后成为一个整圆。

图 5.48

国内设计品牌"木迹制品"的望挂衣架（见图 5.49），在托泥之上立圆形竖材，通过高低错落，以及横向构件的连接，形成上中下三个层次，可以挂不同长度的衣服。因为错落空间的独特设计，从不同角度看到的衣架造型是截然不同的。

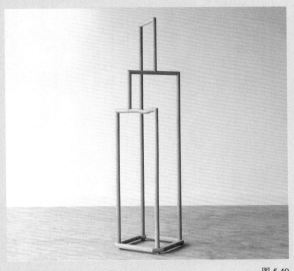

图 5.49

• 图 5.48　衣架（PIY 品牌）
• 图 5.49　望挂衣架（木迹制品）

第六节
书　架

　　中国古代文人书房中，不可缺少书画，其中不少卷轴书画，需要展陈，就有了书架存在的价值。中国古代的书柜书架，有的具有储藏和展示的功能，有的只有储藏功能，有的只有展示功能，根据需要而置。

　　因为古代的书画多为卷轴、线装，所以与现代书架不同，古代书架的空间更为舒朗，隔与隔之间的距离更大，以方便灵活摆放书画古董。仅具有展示功能的书架，空间设计更为空灵，隔层隔板之外多设计各式栏杆，与书架整体造型相配合，又独显别致（见图 5.50～ 图 5.54 ）。

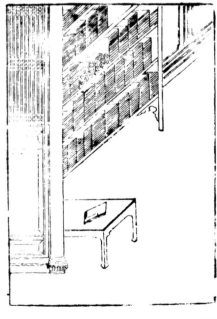

• 图 5.50　明万历《重校韩夫人题红记》插图中的书架
• 图 5.51　明万历《重校琵琶记》插图中的书架

图 5.50

图 5.51

图 5.52

此书架使用纤细的横竖方材搭建，横竖材之间使用榫卯连接。四竖材之间通过横向构件的组合，形成三层空间，中间增设抽屉一对，抽屉厚度较薄，与整件书架纤薄的造型相符。

• 图 5.52　明黄花梨三层书架（《明式家具珍赏》）
• 图 5.53　黑 漆 书 架（《大漆家具》）

图 5.53

此衣架采用粗细不等的圆材搭建，四竖柱上出头，之间通过横材组合，形成三层空间，上层和中层增加三面栏杆，栏杆上装两两一组的竖向构件。中间一层另安抽屉一对，以增加书架的实用储藏空间。

图 5.54

此书架使用黄花梨木制成，在栏杆、抽屉之处配合少许乌木，两种木头颜色和肌理各不相同。书架四层，上三层设栏杆，栏杆之上以竖材隔出三段，每段内以乌木嵌框，再安卡子花。中间一层安抽屉一对，抽屉脸用乌木制成。四腿之下镶铜套。

• 图 5.54　黄花梨配乌木书架（《明式家具萃珍》）
• 图 5.55　六道书架（木迹制品）

扩展

国内设计品牌"木迹制品"的六道书架（见图 5.55），使用方材搭建，四腿之间设六层，并安直条栏杆，以隔出空间。在随机的一层，装起伏山形的栏杆，以表现山峦起伏的自然意趣。

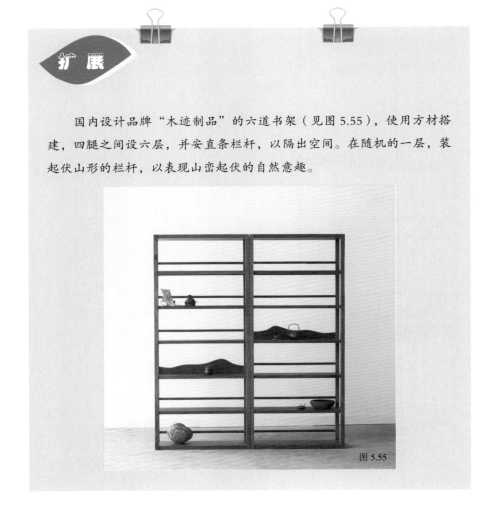

图 5.55

附 录
以中国家具为灵感的艺术创作

第一节
韩美林的艺术家具

- 图6.1 以明式家具为灵感的艺术家具
- 图6.2 以直线、曲线以及几何图形为元素的艺术家具
- 图6.3 以窗棂格为灵感的艺术家具
- 图6.4 以雕刻为创作元素的艺术家具

　　艺术家韩美林对艺术家具有浓厚的创作兴趣，多年来设计了数以百计的座椅，有从简洁的明式家具基础上进行的革新，有从精美的清式家具获得的启发，有从雕刻艺术着手的创新，有从古代窗棂格得到的灵感，特点鲜明，创新十足（见图6.1～图6.4）。我们可以从韩美林的艺术家具中获得设计的启发。

图6.1

图6.2

图6.3

图6.4

第二节
邵帆以中国古家具为素材的艺术创作

艺术家邵帆对中国传统美学有着浓厚的兴趣。20 世纪 90 年代开始，邵帆就以中国明式家具为灵感，开始了设计创作。之后经常从中国传统家具中获得灵感，进行艺术创作。他的艺术作品，多从中国传统家具的造型、结构中寻找创作的素材，通过解构、混搭、置换等方法进行艺术创作。

- 图 6.5　邵帆作品，1996 年创作，将中国传统圈椅一分为二，中间接合现代风格的靠背椅，以燕尾榫拼接。
- 图 6.6　邵帆作品《半桌》，2018 年创作，以中国插图四面平式条桌、罗锅枨为素材，进行创作。
- 图 6.7　邵帆作品《截扶手椅》，1995 年创作，将中国传统南官帽椅通过拆分、截断，并搭在一个黑色方形座椅之内，形成两种椅子穿插的效果。
- 图 6.8　邵帆作品《曲院风荷》，2000 创作，将中国传统圈椅拆解，使用透明亚克力固定，形成中国传统家具榫卯展开的效果。
- 图 6.9　邵帆作品《圈椅》，2013 年创作，从中国传统圈椅中提炼曲线和造型进行的艺术创作。
- 图 6.10　邵帆作品《不锈钢圈椅》，2010 年创作，采用不锈钢材料制作一把中国传统实木圈椅，在细节上进行了提炼和简化，以配合不锈钢的特点。

图 6.5

图 6.6

图 6.7

图 6.8

图 6.9

图 6.10